滨海复杂环境下
深埋输水混凝土耐久性提升技术

钱文勋 陆岸典 何调林 欧阳幼玲 韦 华 蔡伟成 ◎ 著

东南大学出版社
SOUTHEAST UNIVERSITY PRESS
·南京·

内容简介

本书以广东珠江三角洲水资源配置工程为背景,从材料、施工、防腐蚀和理论等角度总结了滨海复杂环境下深埋输水建筑物钢筋混凝土耐久性提升技术主要研究成果。从材料角度,研发了高抗渗性、高体积稳定性和抗裂性、满足百年耐久寿命要求的高抗腐蚀性的绿色高耐久隧洞混凝土和喷射混凝土配制技术;从施工角度,研制了可提高流水岩石表面喷射混凝土黏结强度的界面喷涂材料和灌浆材料,全面提升TBM隧洞局部渗漏部位喷射混凝土施工质量;从防腐蚀角度,提出了隧洞混凝土外防护涂层性能控制技术;从理论角度,解析了在滨海复杂环境下钢筋混凝土的腐蚀劣化机理。同时,基于试验研究和理论分析,综合评估了滨海复杂环境下深埋输水建筑物钢筋混凝土耐久年限,为珠江三角洲水资源配置工程的百年耐久性提供技术保障。

本书可供水利工程或输调水工程中相关深埋建筑物混凝土耐久性研究、设计、施工、检测技术人员和高校师生参考使用。

图书在版编目(CIP)数据

滨海复杂环境下深埋输水混凝土耐久性提升技术 /
钱文勋等著. — 南京:东南大学出版社,2023.1
　ISBN　978 - 7 - 5766 - 0653 - 9

　Ⅰ.①滨…　Ⅱ.①钱…　Ⅲ.①输水建筑物—混凝土结
构—耐用性—研究　Ⅳ.①TV672

中国版本图书馆 CIP 数据核字(2022)第 253457 号

责任编辑:杨　凡　　责任校对:杨　光　　封面设计:王　玥　　责任印制:周荣虎

滨海复杂环境下深埋输水混凝土耐久性提升技术
Binhai Fuza Huanjing Xia Shenmai Shushui Hunningtu Naijiuxing Tisheng Jishu

著　　者	钱文勋　陆岸典　何调林　欧阳幼玲　韦　华　蔡伟成
出版发行	东南大学出版社
出 版 人	白云飞
社　　址	南京市四牌楼 2 号(邮编:210096)
经　　销	全国各地新华书店
印　　刷	广东虎彩云印刷有限公司
开　　本	700 mm×1000 mm　1/16
印　　张	12
字　　数	226 千字
版　　次	2023 年 1 月第 1 版
印　　次	2023 年 1 月第 1 次印刷
书　　号	ISBN　978 - 7 - 5766 - 0653 - 9
定　　价	69.00 元

本社图书若有印装质量问题,请直接与营销部联系,电话:025 - 83791830。

Preface

————— 前　言

　　珠江三角洲水资源配置工程是国务院部署加快建设的全国 172 项节水供水重大水利工程之一,可有效解决珠三角地区城市经济发展的缺水矛盾,对维护珠三角地区供水安全和经济社会可持续发展具有重要作用。

　　工程秉持"把方便留给他人、把资源留给后代、把困难留给自己"的理念,全线采用深埋隧洞方式,在纵深 40～60 m 的地下空间建造输水管道。为此,输水管道面临高内压和高外压同时作用的情况,工程所采用的混凝土设计和施工面临新的挑战。此外,工程初步地质勘查报告显示,工程沿线环境水及土壤中存在多种腐蚀介质,环境条件复杂。目前对于深埋输水管道在滨海复杂环境条件下混凝土劣化过程及劣化机理尚无深入研究,针对此类环境的混凝土耐久性提升技术更是少有涉及。为了提升珠江三角洲水资源配置工程施工质量,确保工程的百年耐久性,广东粤海珠三角供水有限公司、南京水利科学研究院、河海大学以及广东省水利电力勘测设计研究院有限公司共同开展了"滨海复杂环境多因素作用下深埋输水混凝土建筑物耐久性及整体提升技术研究"科研工作。本书内容主要为该项研究工作的技术总结。

　　作者围绕滨海复杂环境下深埋输水混凝土建筑物耐久性关键技术,从理论、材料、施工和防腐蚀 4 个层面展开研究,揭示了中等腐蚀环境中静水压耦合硫酸盐、氯盐条件和拉应力耦合硫酸盐、侵蚀性 CO_2 条件下的隧洞混凝土性能劣化机理;提出了深埋输水建筑物混凝土在中等腐蚀环境条件下满足百年耐久年限的性能控制指标和技术方案;研制了适用于 TBM 隧洞作为单层永久衬砌结构的高抗裂防渗、高体积稳定性的高耐久掺 PP 纤维喷射混凝土;研发了界面黏结剂材料和灌浆材料,提升了围岩局部渗漏部位与喷射混凝土界面黏结性能以及围岩裂隙封堵能力;明确了提升输水隧洞混凝土耐久性的外防护措施并编制了相应的质量控制标准。同时,结合腐蚀环境、混凝土性能、结构受力情况开展的多因素耦合作用下混凝土性能劣化进程试验结果,对钢筋混凝土耐久年限进行了评估。部分研究成果已示范应用于珠江三角洲水资源配置工程,经济效益显著,研究成果可为今后类似工程提供借鉴。

项目研究团队成员对本书均有贡献。全书共分为 9 章,其中第 1 章"绪论"由钱文勋、陆岸典撰写;第 2 章"高耐久隧洞混凝土配制技术"由欧阳幼玲、陆岸典、韦华撰写;第 3 章"滨海复杂环境下隧洞混凝土劣化进程及机理"由欧阳幼玲、钱文勋、陈迅捷撰写;第 4 章"TBM 隧洞抗裂防渗、抗腐蚀喷射混凝土配制技术"由欧阳幼玲、何调林、何旸撰写;第 5 章"滨海复杂环境下隧洞喷射混凝土劣化进程和机理"由欧阳幼玲、钱文勋、韦华撰写;第 6 章"TBM 隧洞提升喷射混凝土施工质量技术"由陈迅捷、陆岸典、何旸撰写;第 7 章"隧洞混凝土外防护涂层性能控制技术"由蔡伟成、何调林、郭牧林撰写;第 8 章"滨海复杂环境下深埋输水建筑物钢筋混凝土耐久年限评估"由韦华、何旸、徐菲撰写;第 9 章"工程应用"由何旸、韦华、徐菲撰写;附件"隧洞混凝土内衬防腐涂层质量检验验收办法"由蔡伟成、郭牧林、芦浩撰写。

本书的编著和出版得到了南京水利科学研究院出版基金的资助。东南大学出版社对本书的出版给予了大力支持,在此一并表示感谢!

限于作者水平及时间有限,书中不足之处在所难免,热诚期待读者批评指正。

作者

2023 年 1 月

Contents

目 录

1 绪 论

1.1 技术背景和意义

广东珠江三角洲水资源配置工程是为优化配置珠江三角洲地区东、西部水资源，从珠江三角洲河网区西部的西江水系向东引水至珠江三角洲东部，主要供水目标是广州市南沙区、深圳市和东莞市的缺水地区。珠江三角洲水资源配置工程是国务院批准的《珠江流域综合规划（2012—2030 年）》提出的重要水资源配置工程，也是国务院要求加快建设的全国 172 项节水供水重大水利工程之一。实施该工程可有效解决城市经济发展的缺水矛盾，改变广州市南沙区从北江下游沙湾水道取水及深圳市、东莞市从东江取水的单一供水格局，提高供水安全性和应急备用保障能力，适当改善东江下游河道枯水期生态环境流量，对维护广州市南沙区、深圳市和东莞市供水安全和经济社会可持续发展具有重要作用。

工程设计取水口引水流量为 80 m^3/s，整个工程由输水干线（鲤鱼洲取水口—罗田水库）、深圳分干线（罗田水库—公明水库）、东莞分干线（罗田水库—松木山水库）和南沙支线（高新沙水库—黄阁水厂）组成，输水线路总长度 113.2 km，主要建筑物包括：3 座泵站、2 座高位水池、1 座新建水库、5 座输水隧洞、1 条输水管道、2 座倒虹吸、4 座进库闸、2 座进水闸、9 座量水间、1 座调压井、10 座检修排水井、23 处渗漏排水井、3 座通风竖井等。工程总投资约 354 亿元，施工总工期 5 年。工程等别为 Ⅰ 等，工程规模为大（1）型。

工程秉持"把方便留给他人、把资源留给后代、把困难留给自己"的理念，全线采用地下深埋盾构方式，还预留了浅层地下空间用于市政建设，在纵深 40～60 m 的地下建造，节约了 90% 的土地资源。深埋的输水管道要承受较高的内水压力，同时存在较大的外部压力，对如此高内水压以及高内压、高外压同时作用的工程，使得珠江三角洲水资源配置工程无论是在设计还是施工方面均具有前所未有的特点。为保证工程混凝土建筑物在施工、运行、检修等各种工况荷载的作用下满足强度和抗裂抗渗的要求，提高工程的使用寿命，有必要开展高水压输水隧洞混凝土质量控制关键技术研究,为优化工程设计及施工提供技术支撑。

同时,珠江三角洲水资源配置工程初步地质勘查报告显示,工程沿线环境水及土壤对混凝土及混凝土中的钢筋腐蚀以弱腐蚀为主,局部地区存在中等腐蚀。引起腐蚀的介质较多,部分地区以氯离子与硫酸根离子腐蚀为主,部分地区以水溶性二氧化碳及碳酸氢根腐蚀为主,也有部分地区以腐蚀性盐腐蚀为主,如硫酸镁介质,可见工程面临着复杂的环境条件。目前对于深埋输水管道在滨海复杂环境条件下混凝土劣化过程及劣化机理尚无深入研究,针对此类环境混凝土耐久性提升技术更是少有涉及。为提升珠江三角洲水资源配置工程施工质量,确保该工程的百年耐久性,开展滨海复杂环境多因素作用下深埋输水混凝土建筑物耐久性及整体提升技术的研究工作意义重大。

1.2 研究目标

项目研究的目标是使得在滨海环境下深埋输水混凝土建筑物耐久性关键技术取得突破,确保钢筋混凝土建筑物百年耐久寿命,为广东珠江三角洲水资源配置工程全寿命设计与安全服役提供技术支撑。

从材料角度,研究高抗渗性、高体积稳定性和抗裂性、满足百年耐久寿命要求的绿色高耐久隧洞混凝土和喷射混凝土配制技术;从施工角度,研制可提高流水岩石表面喷射混凝土黏结强度的界面喷涂材料和灌浆材料,全面提升全断面硬岩隧道掘进机(Tunnel Boring Machine,TBM)隧洞局部渗漏部位喷射混凝土施工质量;从防腐蚀角度,研究隧洞混凝土外防护涂层性能控制技术;从理论角度,解析滨海复杂环境下钢筋混凝土的腐蚀劣化机理。同时,基于试验研究和理论分析,综合评估滨海复杂环境下深埋输水建筑物钢筋混凝土耐久年限,确保工程的百年耐久性。

1.3 主要研究内容及技术方案

研究内容主要分为五个方向,每个方向的主要研究内容及技术方案如下:

方向一　深埋输水建筑物混凝土滨海复杂环境多因素侵蚀劣化进程、机理解析和对策研究

关键技术 1:百年绿色高耐久隧洞混凝土配制技术

通过以耐久性为核心,突出抗裂性的配合比设计思路,采用大掺量掺合料优选复合混凝土外加剂,运用综合抗裂性指标评价混凝土的抗裂性,从而提出满足隧洞混凝土百年耐久寿命的配合比设计参数和耐久性控制指标;推荐满足百年耐久寿命的 C35 隧洞混凝土和 C50 隧洞混凝土的参考配合比;编制隧洞混凝土施工技术导则,百年绿色高耐久隧洞混凝土配制技术成果为设计和施工提供参考。

关键技术 2:隧洞混凝土内衬外防腐蚀涂层性能控制技术

基于隧洞混凝土内衬外防腐蚀措施,针对市场上的 3 种底漆与 3 种面漆开展防护涂料附着力强度试验和涂层混凝土抗渗性能试验,提出隧洞混凝土内衬外防腐蚀涂层方案及其性能和施工要求,以及隧洞混凝土内衬外防腐蚀涂层质量检验验收办法。

关键技术 3:隧洞混凝土滨海复杂环境多因素侵蚀劣化进程及机理

依据工程现场腐蚀介质种类和浓度,模拟工程现场环境,通过加速试验方法,研究多因素耦合作用下混凝土腐蚀劣化进程和绿色高耐久混凝土改善效果。通过推进混凝土在不同静水压力—氯离子—硫酸盐多因素耦合作用下的长龄期腐蚀劣化进程,以及在不同拉应力-硫酸盐侵蚀-侵蚀性 CO_2 多因素耦合作用下的腐蚀劣化进程,采用扫描电镜—能量色散光谱(SEM-EDS)与压汞测试(MIP)等微观测试方法分析混凝土破坏劣化机理和绿色高耐久隧洞混凝土性能改善机理。

具体研究技术路线如图 1-3-1 所示。

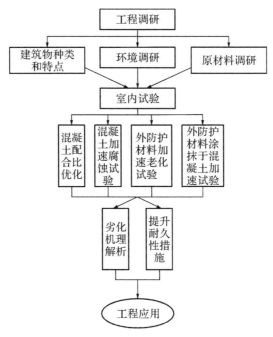

图 1-3-1 方向一技术路线图

方向二　TBM 隧洞喷射混凝土抗裂防渗、抗腐蚀耐久性试验研究

关键技术 1：TBM 隧洞抗裂防渗、抗腐蚀的高耐久喷射混凝土配制技术

为提高喷射混凝土的抗裂、抗渗性能，同时考虑珠江三角洲水资源配置工程所处的中等腐蚀环境，采用硅粉等掺合料复合钢纤维或玄武岩纤维、PP 粗纤维开展 TBM 隧洞喷射纤维混凝土性能试验，提出 TBM 隧洞喷射纤维混凝土配合比的基本参数和原材料要求，推荐 TBM 隧洞采用 PP 粗纤维喷射混凝土或钢纤维喷射混凝土的参考配合比。

关键技术 2：TBM 隧洞喷射混凝土腐蚀劣化进程和破坏机理

对处于中等腐蚀环境中的喷射混凝土而言，采用 PP 纤维将不会产生因钢筋锈蚀而造成的耐久性问题。因此，影响 PP 纤维喷射混凝土耐久性的主要因素为硫酸盐侵蚀。提高喷射纤维混凝土的抗硫酸盐侵蚀性能的具体措施为采用外加掺合料技术。通过推进喷射纤维混凝土在不同拉应力—硫酸盐—侵蚀性 CO_2 多因素耦合条件下的腐蚀劣化进程，测试不同侵蚀龄期下喷射纤维混凝土的性能，微观分析混凝土的侵蚀产物和孔结构，解析喷射纤维混凝土的破坏机理。

具体研究技术路线如图 1-3-2 所示。

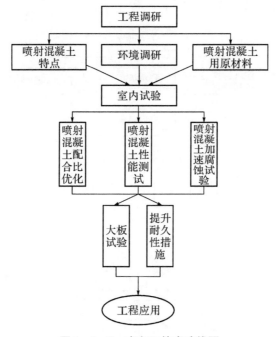

图 1-3-2　方向二技术路线图

方向三　TBM隧洞局部渗漏部位提升喷射混凝土施工质量技术试验研究

关键技术1：提升局部渗漏部位与喷射混凝土界面黏结性能的界面黏结材料技术

通过抗流水冲刷及对喷射混凝土水中黏结性能的影响试验，明确界面黏结材料的参考配方及其性能指标，并提出该界面黏结材料的喷涂施工工艺。

关键技术2：适用于局部渗漏部位岩隙不同裂缝宽度的灌浆材料技术

对于局部水流大的渗漏部位，建立行之有效的"引流—封堵—喷射—灌浆封闭"等基岩渗漏表面喷射混凝土施工工艺，以提升喷射混凝土施工质量。研发灌浆材料，用于岩隙裂缝灌浆，防止岩隙裂缝形成喷射混凝土反射裂缝。

具体研究技术路线如图1-3-3所示。

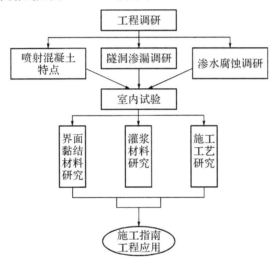

图1-3-3　方向三技术路线图

方向四　滨海复杂环境下深埋输水建筑物钢筋混凝土耐久年限评估

在其他方向研究成果基础上，以菲克第二定律为基础模型，结合腐蚀环境、混凝土性能、结构受力情况开展的多因素耦合条件下混凝土性能劣化进程试验结果，对钢筋混凝土耐久年限进行预测；结合混凝土性能、耐久性年限计算结果，从影响混凝土耐久性年限因素角度出发，提出增加混凝土耐久性的措施，服务工程设计与施工，为工程质量提升提供技术支撑。

具体研究技术路线如图1-3-4所示。

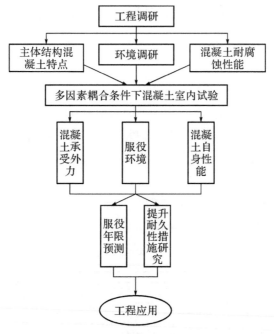

图 1-3-4 方向四技术路线图

方向五 科研成果工程推广应用,相关标准及指南应用于指导设计单位

基于滨海复杂环境多因素作用下深埋输水混凝土建筑物耐久性及整体提升技术,开展成果工程推广应用试验,相关标准及指南应用于指导设计单位。

1.4 主要研究成果

方向一 深埋输水建筑物混凝土滨海复杂环境多因素侵蚀劣化进程、机理解析和对策研究

成果 1:百年绿色高耐久隧洞混凝土配制技术

(1)根据现场腐蚀环境调研情况以及现行相关耐久性规范要求,确定了珠江三角洲水资源配置工程建筑物混凝土在中等腐蚀环境条件下满足百年耐久年限的混凝土配合比设计方案和性能控制指标。

(2)基于滨海环境下深埋输水建筑物现浇 C35 混凝土和预制 C50 管片混凝土,提出了满足百年耐久年限的 C35 隧洞混凝土和 C50 隧洞混凝土配制方案并推荐了参考配合比,编制了隧洞混凝土施工技术导则。

成果 2:隧洞混凝土内衬外防腐蚀涂层性能控制技术

（1）针对 3 种底漆与 3 种面漆,通过涂层材料附着力强度试验和涂层混凝土抗渗性能试验结果,提出了满足现场使用条件和设计要求的防腐蚀涂层及施工工艺方案建议。

（2）提出了适用于珠江三角洲水资源配置工程隧洞混凝土内衬外防腐涂层的《隧洞混凝土内衬防腐涂层质量检验验收办法》,对多涂层防腐蚀体系的原材料、施工、质量控制、验收及管理等提出了具体控制要求。

成果 3:隧洞混凝土滨海复杂环境多因素侵蚀劣化进程及机理

（1）根据室内模拟腐蚀试验结果,明确了中等腐蚀环境中静水压耦合硫酸盐、氯盐作用下的隧洞钢筋混凝土性能劣化进程规律。静水压力加速了 Cl^- 向混凝土内部的传输。随着静水压力的增加,混凝土中的溶液渗透高度随之增加;在一定的静水压力条件下,混凝土中的溶液渗透高度并不随着侵蚀龄期的延长而增加,不同的混凝土将很快达到各自稳定的平衡渗透高度。静水压力增加了同侵蚀龄期混凝土的 Cl^- 扩散系数,静水压力对混凝土 Cl^- 扩散系数的影响程度随着侵蚀龄期的延长而降低。随着混凝土强度的提高,普通钢筋混凝土抗氯盐侵蚀性能明显提高;在相同的强度等级下,高耐久钢筋混凝土的抗氯盐侵蚀性能较普通混凝土显著提升。

（2）解析了中等腐蚀环境中在静水压和硫酸盐、氯盐多因素耦合作用下 Cl^- 在混凝土中的传输机制。Cl^- 在深埋隧洞混凝土中的侵入,主要表现为渗透和扩散两种传输机制。静水压力是 Cl^- 以渗透机制传输的动力,主要影响 Cl^- 向混凝土内部渗透的深度,其渗透规律符合带有启动压力梯度的非线性达西(Darcy)模型。Cl^- 依据渗透机制传输进入混凝土中的渗透深度对混凝土抗钢筋锈蚀耐久寿命的影响相当于降低了混凝土有效保护层厚度。Cl^- 扩散机制的传输动力源于溶液中 Cl^- 与混凝土内部 Cl^- 的浓度梯度,其扩散规律符合菲克第二定律的非稳态扩散模型。

（3）通过自行研制的拉应力试验架,根据室内模拟干湿循环加速腐蚀试验结果,明确了中等腐蚀环境中拉应力耦合硫酸盐、侵蚀性 CO_2 作用下的隧洞混凝土性能劣化进程规律。在硫酸盐耦合侵蚀性 CO_2 的中等腐蚀环境中,混凝土性能劣化速率主要受侵蚀性 CO_2 的影响,其性能劣化规律表现为侵蚀前期强度下降,随着侵蚀龄期的延长强度又上升,随后又缓慢下降。混凝土中侵蚀性 CO_2 的存在降低了硫酸盐对混凝土的侵蚀速率,而 SO_4^{2-} 等离子的存在增强了侵蚀性 CO_2 对混凝土的侵蚀。拉应力同样加速了硫酸盐耦合侵蚀性CO_2对混凝土的侵蚀速率。高耐久混凝土在侵蚀前期强度下降程度比普通混凝土大,但随着侵蚀龄期的延长,高耐久混凝土在后期的破坏速度比普通混凝土慢。

(4) 解析了中等腐蚀环境中拉应力耦合硫酸盐、侵蚀性CO_2作用下的隧洞混凝土性能劣化机理。在硫酸盐耦合侵蚀性CO_2的中等腐蚀环境中,混凝土性能劣化速率主要受侵蚀性CO_2的影响,而侵蚀性CO_2对混凝土性能劣化的速度主要受到OH^-向混凝土表面扩散速度的影响。侵蚀性CO_2生成的碳酸钙腐蚀产物因其密实性降低了硫酸盐向混凝土内部侵入的速率,而硫酸盐的存在使溶液中离子强度增大,活性系数降低,碳酸盐的平衡状态受到破坏,故硫酸盐增强了侵蚀性CO_2对混凝土的侵蚀。拉应力劣化了混凝土孔结构,尤其是增大了混凝土的临界孔径,提高了混凝土孔隙的连通性,从而导致混凝土抗腐蚀离子的侵蚀性能下降。

(5) 明确了隧洞高耐久混凝土性能改善机理。大掺量磨细矿渣和粉煤灰等矿物掺合料的掺入能明显改善混凝土内部的微观结构和水化产物的组成,降低混凝土的孔隙率,优化混凝土孔结构,此为高耐久混凝土性能改善的主要原因。

方向二 TBM 隧洞喷射混凝土抗裂防渗、抗腐蚀耐久性试验研究

成果 1:TBM 隧洞抗裂防渗、抗腐蚀的高耐久喷射混凝土配制技术

(1) 选择和掺加适宜的纤维,在不降低混凝土强度和干缩性能的前提下可以显著提高喷射混凝土的韧性,吸收围岩变形能力强,且抗渗性和抗裂性能优。研制的喷射纤维混凝土由于其高韧性、高体积稳定性及高抗裂性,在围岩条件适合的条件下可作为 TBM 隧洞单层永久衬砌。考虑到钢纤维喷射混凝土无保护层厚度,不耐氯盐腐蚀和碳化腐蚀,在珠江三角洲水资源配置工程所处的中等腐蚀环境下,推荐 TBM 隧洞采用 PP 粗纤维喷射混凝土;无化学腐蚀环境下,推荐采用钢纤维喷射混凝土。

(2) 提出了 TBM 隧洞喷射纤维混凝土配合比的基本参数和原材料要求,并明确了 TBM 隧洞采用 PP 粗纤维喷射混凝土或钢纤维喷射混凝土的参考配合比。

成果 2:TBM 隧洞喷射混凝土腐蚀劣化进程和破坏机理

(1) 研究比较了钢纤维和 PP 粗纤维喷射混凝土抗碳化以及抗氯离子侵蚀耐久性。在珠江三角洲水资源配置工程所处的中等腐蚀环境下,当力学性能满足设计要求时,PP 粗纤维完全可以替代钢纤维,且耐久性能获得提高。

(2) 根据室内模拟干湿循环加速腐蚀试验结果,明确了中等腐蚀环境中拉应力耦合硫酸盐、侵蚀性CO_2条件下 TBM 隧道喷射 PP 粗纤维混凝土性能劣化进程规律和机理。喷射 PP 粗纤维混凝土在拉应力耦合硫酸盐、侵蚀性CO_2条件下的

性能劣化进程规律与常规模筑混凝土类似,即侵蚀前期强度下降,随着侵蚀龄期的延长强度又有所上升,随后又缓慢下降。由于喷射混凝土较常规模筑混凝土的孔隙率和平均孔径均明显增加,虽然硫酸盐侵入前期的密实增强作用致使喷射混凝土因侵蚀性 CO_2 而造成的强度性能下降程度比普通混凝土小,但是随着侵蚀龄期的延长,喷射混凝土在后期的破坏速度却比普通混凝土快。拉应力加速了硫酸盐耦合侵蚀性 CO_2 对喷射混凝土的侵蚀速率。由于喷射混凝土在速凝剂的作用下形成了大量钙矾石,在拉应力耦合硫酸盐、侵蚀性 CO_2 环境中形成了碳硫硅钙石腐蚀,因此导致喷射混凝土的性能进一步劣化。

方向三　TBM 隧洞局部渗漏部位提升喷射混凝土施工质量技术试验研究

成果 1:提升局部渗漏部位与喷射混凝土界面黏结性能的界面黏结材料技术

研发了可提升局部渗漏部位与喷射混凝土界面黏结性能的界面黏结材料,明确了界面黏结材料的参考配方及其性能指标。采用丙烯酸酯共聚乳液复合水性固化剂、无碱速凝剂配制的喷涂黏结水泥净浆,具有封闭渗漏通道,耐水流冲刷,且与流水岩面黏结强度高(>1.0 MPa)的特点,并提出了该界面黏结材料的喷涂施工工艺。

成果 2:适用于局部渗漏部位岩隙不同裂缝宽度的灌浆材料技术

研发了水泥基弹性灌浆材料,适用于岩隙裂缝宽度在 0.5～2.0 mm 的裂缝灌浆,防止岩隙裂缝形成喷射混凝土反射裂缝。

方向四　滨海复杂环境下深埋输水建筑物钢筋混凝土耐久年限评估

(1)以菲克第二定律为基础模型,结合腐蚀环境、混凝土性能、结构受力情况开展的多因素耦合条件下混凝土性能劣化进程试验结果,对钢筋混凝土耐久年限进行了预测。

(2)结合混凝土性能、耐久性年限计算结果,从影响混凝土耐久性年限因素角度出发,提出了增加混凝土耐久性的措施,服务工程设计与施工,为珠江三角洲水资源配置工程全寿命设计与安全服役提供了技术支撑。

方向五　科研成果工程推广应用,相关标准及指南应用于指导设计单位

基于滨海复杂环境多因素作用下深埋输水混凝土建筑物耐久性及整体提升技术,开展了成果工程推广应用试验。百年耐久绿色高耐久隧洞混凝土配制技术成果为设计和施工提供了参考;混凝土涂层试验研究成果指导了工程应用;涂层验收办法为防腐蚀涂层的质量检测提供了指导依据;开展了喷射 PP 粗纤维混凝土和界面黏结材料的现场大板应用试验以及喷射 PP 粗纤维混凝土在 TBM 隧洞中的应用。

2 高耐久隧洞混凝土配制技术

基于滨海复杂环境下深埋输水建筑物现浇 C35 混凝土和预制 C50 管片混凝土开展了绿色高耐久隧洞混凝土优化配制技术研究。

▷ 2.1 原材料及其性能

试验研究采用的主要原材料为工程现场所用的水泥、粉煤灰、外加剂、砂石骨料,同时在市场上购置了矿渣粉等试验原材料。

1. 水泥

依据《通用硅酸盐水泥》(GB 175—2007)的要求,对水泥的凝结时间及水泥胶砂抗压强度、抗折强度等有关指标进行了检验,水泥的物理及力学性能见表 2-1-1。

表 2-1-1　水泥的物理及力学性能

水泥	标准稠度用水量/%	抗压强度/MPa		抗折强度/MPa		凝结时间/min		安定性
		3 d	28 d	3 d	28 d	初凝	终凝	
试验 P·O 42.5	28.0	23.5	44.2	5.4	8.4	205	255	合格
GB 175—2007 P·O 42.5	—	≥17.0	≥42.5	≥4.0	≥6.5	≥45	≤600	合格

表 2-1-1 试验结果表明,水泥的各项性能指标均满足国标 GB 175—2007 中有关普通硅酸盐水泥的要求。

2. 粉煤灰

依据《用于水泥和混凝土中的粉煤灰》(GB/T 1596—2017)的要求,对粉煤灰的有关指标进行了检验,其性能见表 2-1-2。

表 2-1-2　粉煤灰的品质指标

粉煤灰	密度/(g·cm⁻³)	细度/%	需水量比/%	烧失量/%	活性指数/%
试验粉煤灰	2.51	3.6	95	1.84	78
GB/T1596—2017 Ⅰ级粉煤灰	≤2.6	≤12.0	≤95	≤5.0	≥70

从表 2-1-2 中可以看出,粉煤灰达到了国标 GB/T 1596—2017 所规定的Ⅰ级粉煤灰的性能要求。

3. 矿渣粉

依据《用于水泥、砂浆和混凝土中的粒化高炉矿渣粉》(GB/T 18046—2017)的要求,对矿渣粉的有关指标进行了检验,其性能见表 2-1-3。

表 2-1-3 矿渣粉的品质指标

矿渣粉	含水量/%	密度/$(g \cdot cm^{-3})$	比表面积/$(m^2 \cdot kg^{-1})$	流动度比/%	活性指数/%	
					7 d	28 d
试验矿渣粉	0.07	2.86	436	100	80	109
GB/T 18046—2017 S95 级矿渣粉	≤1.0	≥2.8	≥400	≥95	≥70	≥95

从表 2-1-3 中可以看出,根据国标 GB/T 18046—2017 的规定,该矿渣粉的性能满足 S95 级的要求。

4. 细骨料

细骨料为中粗江砂。依据《建设用砂》(GB/T 14684—2022)的要求,对细骨料的有关指标进行了检验,其物理性能见表 2-1-4,筛分析结果见表 2-1-5。

表 2-1-4 细骨料的主要性能指标

细骨料	细度模数	表观密度/$(g \cdot cm^{-3})$	含泥量/%	饱和面干吸水率/%
试验江砂	2.67	2.64	1.0	1.0
GB/T 14684—2022 砂	—	≥2.50	≤3.0(Ⅱ)	—

表 2-1-5 细骨料的筛分析结果

筛孔尺寸/mm	GB/T 14684—2022 规定的级配区			砂
	1 区	2 区	3 区	符合 2 区要求
	累计筛余/%			
4.75	10~0	10~0	10~0	2.5
2.36	35~5	25~0	15~0	13.3
1.18	65~35	50~10	25~0	28.1
0.60	85~71	70~41	40~16	51.0
0.30	95~80	92~70	85~55	82.6
0.15	100~90	100~90	100~90	97.0

注:砂的实际级配与规定值相比,除 4.75 mm 和 0.60 mm 筛档外,允许稍超出分界线,但其总量不宜大于 5%。

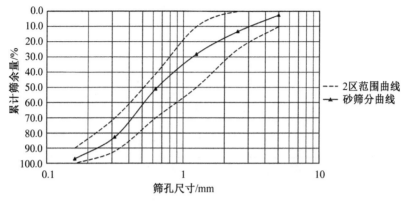

图 2-1-1　砂筛分曲线

从表 2-1-4、表 2-1-5 及图 2-1-1 中可以看出,该细骨料符合国标 GB/T 14684—2022 所规定的要求,属于 2 级配区的中砂。

5. 粗骨料

粗骨料为二级配人工碎石,分别为 20～40 mm 的中石和 5～20 mm 的小石。依据国标《建设用卵石、碎石》(GB/T 14685—2022)对碎石的表观密度、压碎值等指标进行了检测,其结果见表 2-1-6。

表 2-1-6　粗骨料的主要性能指标

粗骨料	表观密度/ (g·cm⁻³)	含泥量/%	泥块含量/%	压碎指标/%	饱和面干吸水率/%
试验中石	2.70	0.04	0	12.5	0.3
试验小石	2.68	0.15	0	12.5	0.5
GB/T 14685—2022 碎石	≥2.60	≤0.5(Ⅰ类)	0(Ⅰ类)	≤10(Ⅰ类)	—
		≤1.0(Ⅱ类)	0.2(Ⅱ类)	≤20(Ⅱ类)	—

表 2-1-6 的结果表明,相比Ⅰ类碎石,粗骨料的压碎指标结果偏高,属于Ⅱ类碎石,其余各性能指标符合国标 GB/T 14685—2022 所规定的Ⅰ类碎石要求。

6. 外加剂

(1)减水剂

混凝土减水剂为聚羧酸系高性能减水剂,依据国标《混凝土外加剂》(GB 8076—2008)对其性能指标进行了检测,结果见表 2-1-7。

表 2 - 1 - 7　聚羧酸高性能减水剂品质指标

外加剂	固含量/%	掺量/%	减水率/%	泌水率比/%	含气量/%	凝结时间差/min		抗压强度比/%		收缩率比/%	相对耐久性200次
						初凝	终凝	7 d	28 d		
试验聚羧酸减水剂	26.3	1.2	27.8	26	3.7	125	110	184	151	98	—
GB 8076—2008 高性能减水剂	—	—	≥25	≤70	≤6.0	≥+90	—	≥140	≥130	≤110	—

表 2 - 1 - 7 中的性能检测结果表明,该外加剂符合国标 GB 8076—2008 所规定的高性能减水剂要求,属合格产品。

(2)体积稳定剂

混凝土体积稳定剂由南京水利科学研究院研制,主要用于掺加粉煤灰及磨细矿渣等掺合料的高耐久混凝土。体积稳定剂可增加高耐久混凝土的早期强度,提高其密实性和体积稳定性。

2.2　高耐久隧洞混凝土配合比试验研究

2.2.1　混凝土配合比优化方案

珠江三角洲水资源配置工程混凝土配合比设计研究的思路是以耐久性为核心,突出抗裂性。采用的技术路线是利用大掺量掺合料,即用粉煤灰和矿渣微粉取代部分水泥,优选复合混凝土外加剂,旨在提高混凝土的耐久性和抗裂性,降低原材料成本。同时采用温度—应力试验机法考察不同配合比混凝土的开裂温度、温升、开裂应力、应力储备、开裂时间等,运用综合抗裂性指标评价混凝土的抗裂性,筛选抗裂性好的配合比。

通过混凝土配合比优化配制,在满足混凝土结构强度的前提下,提高混凝土抗裂性和耐久性。

混凝土配合比设计原则:

(1)满足结构设计强度要求

现浇钢筋混凝土结构强度设计等级为 C35,预制钢筋混凝土结构强度设计等级为 C50。

(2)满足隧洞钢筋混凝土百年耐久寿命要求

《珠江三角洲水资源配置工程初步设计报告》中有关工程地质结果表明,根据

《水利水电工程地质勘查规范》(GB 50487—2008),工程沿线环境水及土壤对混凝土及混凝土中的钢筋腐蚀以弱腐蚀为主,局部地区存在中等腐蚀,腐蚀介质部分地区以氯离子与硫酸盐腐蚀为主,部分地区以水溶性二氧化碳及碳酸氢根腐蚀为主。目前国内相关标准、规范中,对具有 100 年设计使用年限的混凝土提出了具体设计要求和相关控制指标参数的只有《混凝土结构耐久性设计标准》(GB/T 50476—2019)和《铁路混凝土结构耐久性设计规范》(TB 10005—2010)。

中等氯化物腐蚀环境和化学腐蚀环境下具有 100 年设计使用年限的混凝土设计要求见表 2-2-1 和表 2-2-2。表中环境作用等级 L-2 等同于环境作用等级 IV-D,环境作用等级 H-2 等同于环境作用等级 V-D。

表 2-2-1 中等氯化物腐蚀环境下 100 年设计使用年限混凝土要求

氯化物浓度		GB/T 50476—2019				TB 10005—2010		
水中/(mg·L⁻¹)	土中/(mg·kg⁻¹)	环境作用等级	强度等级	最大水胶比	保护层/mm	环境作用等级	强度等级	最大水胶比
500~5 000	750~7 500	IV-D	C45	0.40	55	L-2	C45	0.40
			≥C50	0.36	50			

表 2-2-2 中等化学腐蚀环境下 100 年设计使用年限混凝土要求

SO₄²⁻ 浓度		侵蚀性CO₂	GB/T 50476—2019				TB 10005—2010		
水中/(mg·L⁻¹)	土中/(mg·kg⁻¹)	水中/(mg·L⁻¹)	环境作用等级	强度等级	最大水胶比	保护层/mm	环境作用等级	强度等级	最大水胶比
1 000~4 000*	1 500~6 000	30~60**	V-D	C45	0.40	45	H-2	C40	0.45
				≥C50	0.36	40			

注:* 根据《水利水电工程地质勘查规范》(GB 50487—2008),当 400 mg/L≤水中 SO₄²⁻ 浓度<500 mg/L 时为中等腐蚀环境。

** 根据《铁路混凝土结构耐久性设计规范》(TB 10005—2010),当 40 mg/L<水中侵蚀性 CO₂ 浓度≤100 mg/L 时为中等腐蚀环境。

从表 2-2-1 和表 2-2-2 中可以看出,在中等氯化物腐蚀环境下,混凝土若要满足 100 年设计使用年限,GB/T 50476—2019 和 TB 10005—2010 均规定混凝土的最小强度等级为 C45,最大水胶比为 0.40(后文除非特别说明,水胶比均表示骨料在风干状态下的混凝土单位用水量与单位胶凝材料用量的比值);而在中等化学腐蚀环境下,混凝土若要满足 100 年设计使用年限,GB/T 50476—2019 规定混凝土的最小强度等级为 C45,最大水胶比为 0.40,而 TB 10005—2010 规定混凝土的最小强度等级为 C40,最大水胶比为 0.45。

《水利水电工程合理使用年限及耐久性设计规范》(SL 654—2014)对设计使用年限 50 年的工程有具体耐久性设计指标要求,对合理使用年限为 100 年的水工结构仅要求对混凝土强度提高一个等级,混凝土中氯离子含量不大于 0.06%。中等腐蚀环境条件,即 SL 654—2014 中的四类环境下,对满足百年耐久性的混凝土最低强度提高一个等级,则为 C35,其相应最大水胶比为 0.40(水胶比为骨料在饱和面干状态下的混凝土单位用水量与单位胶凝材料用量的比值)。

综合目前国内各相关规范要求,本研究根据从严原则,提出中等腐蚀环境条件下满足 100 年设计使用年限的混凝土配合比设计方案,即混凝土水胶比≤0.40。由于在混凝土原材料确定的情况下,混凝土强度由混凝土水胶比决定,因此在本书中,混凝土的强度只作为结构强度参数,而不作为耐久性指标参数。

同时,《混凝土结构耐久性设计标准》(GB/T 50476—2019)和《铁路混凝土结构耐久性设计规范》(TB 10005—2010)也分别明确规定了中等腐蚀环境下满足 100 年设计使用年限混凝土的耐久性控制指标参数,具体见表 2-2-3 和表 2-2-4。

表 2-2-3　100 年设计使用年限混凝土抗氯离子侵入性指标

规范	GB/T 50476—2019	TB 10005—2010
环境作用等级	IV-D	L-2
氯离子扩散系数* $D_{RCM}/(\times 10^{-12} \ m^2 \cdot s^{-1})$	≤7	≤5

注:*《混凝土结构耐久性设计标准》(GB/T 50476—2019)中该系数是混凝土 28 d 龄期氯离子扩散系数,而《铁路混凝土结构耐久性设计规范》(TB 10005—2010)中该系数是混凝土 56 d 龄期氯离子扩散系数。

表 2-2-4　100 年设计使用年限混凝土抗硫酸盐结晶破坏评价指标

规范	环境作用等级	抗硫酸盐结晶破坏等级(56 d 龄期)
TB 10005—2010	Y-3*	≥KS150

注:*《铁路混凝土结构耐久性设计规范》(TB 10005—2010)环境作用等级 Y-3 对应《混凝土结构耐久性设计标准》(GB/T 50476—2019)环境作用等级 V-D。

另外,由于珠江三角洲水资源配置工程隧道混凝土同时要承受高水压,因此还需考虑混凝土的抗渗等级耐久性指标。《水工混凝土耐久性技术规范》(DL/T 5241—2010)对中等腐蚀环境下混凝土的抗渗等级提出了技术要求,具体见表 2-2-5。但该标准并未针对不同作用水头下的混凝土抗渗等级进行规定。

表 2-2-5 腐蚀环境下混凝土抗渗等级技术要求 (DL/T 5241—2010)

环境等级	最大水胶比	抗渗等级
中等	0.45	≥W10

而《水运工程结构耐久性设计标准》(JTS 153—2015)针对不同作用水头下混凝土抗渗等级进行了具体规定,规定内容见表 2-2-6。

表 2-2-6 混凝土抗渗等级选定标准 (JTS 153—2015)

最大作用水头与混凝土壁厚之比	抗渗等级	最大作用水头与混凝土壁厚之比	抗渗等级
<5	P4	16~20	P10
5~10	P6	>20	P12
11~15	P8		

综上分析结果,提出满足钢筋混凝土百年耐久寿命的混凝土配合比设计参数及耐久性指标要求为:

(1) 采用大掺量掺合料。

(2) 水胶比不大于 0.40(骨料在风干状态下的混凝土单位用水量与单位胶凝材料用量的比值)。

(3) 耐久性指标

(a) 标准养护 28 d 混凝土试件氯离子扩散系数(RCM 法)≤7.0×10^{-12} m^2/s(保护层厚度 50 mm);

(b) 标准养护 56 d 混凝土试件抗硫酸盐侵蚀性能≥KS150;

(c) 标准养护 28 d 混凝土试件抗渗等级为 W12。

(4) 混凝土抗裂性能优良。

2.2.2 混凝土试验配合比

试验混凝土的结构强度设计等级为 C35,强度保证率 95%,则混凝土的配制强度 $f_{cu,0} = f_{cu,k} + t\sigma = 35.0 + 1.645 \times 4.5 = 42.4$ (MPa)。若结构强度设计等级为 C50,强度保证率 95%,则混凝土的配制强度 $f_{cu,0} = f_{cu,k} + t\sigma = 50.0 + 1.645 \times 5.5 = 59.0$ (MPa)。

拌合物的坍落度控制在 160~200 mm 范围内,混凝土试验主要按《水工混凝土试验规程》(SL/T 352—2020)进行。

试验时,砂石骨料充分保水,并测试其含水率。混凝土的水胶比以骨料在风干状态下的混凝土单位用水量与单位胶凝材料用量的比值计算。单位胶凝材料用量为 1 m³ 混凝土中水泥与掺合料质量的总和。

水胶比必须同时满足混凝土结构强度和耐久性的要求。

1. 按强度要求选择水胶比

根据设计要求的坍落度和试验所使用的原材料,拌制数种不同水胶比的混凝土拌合物,进行标准养护 28 d 抗压强度试验,根据试验结果,绘制 28 d 抗压强度与胶水比关系图,按要求的配制强度计算水胶比。

2. 按耐久性要求规定的最大水胶比

由前面讲述可知,本书提出中等腐蚀环境条件下满足 100 年设计使用年限的混凝土配合比设计方案,即混凝土最大水胶比为 0.40。

按结构强度要求得出的水胶比应与按耐久性要求得出的水胶比相比较,取其较小值作为配合比的设计依据。

根据所用的砂石情况、要求的坍落度值和所用的减水剂品种,经试拌并结合经验选择用水量。根据选定的水胶比和用水量计算相应的胶凝材料用量,选取数种不同的砂率,进行混凝土试拌,测定其坍落度,观察其和易性,选择坍落度相对较大、和易性较好的砂率为最佳砂率。对于本试验混凝土用水量取 140~160 kg/m³;砂率取 38%~40%。

根据坍落度要求和施工材料的条件,配制数种不同水胶比、不同掺合料掺量的混凝土。混凝土配合比见表 2-2-7 和表 2-2-8。

在相同水胶比条件下,满足相同的工作性时,掺加大掺量掺合料的高耐久混凝土比普通混凝土单位用水量少,胶材用量低。

试验混凝土的强度性能试验结果见表 2-2-9;绘制混凝土 7 d 和 28 d 抗压强度与胶水比的关系曲线,结果分别见图 2-2-1 和图 2-2-2。

由表 2-2-9 可知,对于同种混凝土而言,随着水胶比的增大,混凝土的强度是随之减小的,混凝土的抗压强度与其胶水比呈线性关系。在同水胶比条件下,高耐久混凝土早龄期(3 d)抗压强度比普通混凝土明显偏低,但其后期强度增长很快,28 d 抗压强度达到甚至超过普通混凝土的强度。根据混凝土抗压强度与胶水比的线性关系(图 2-2-1 和图 2-2-2),计算出满足设计强度的混凝土的水胶比。按结构设计强度要求得出的水胶比与按耐久性要求得出的水胶比相比较,取其较小值作为配合比的最终水胶比,结果见表 2-2-10。

表 2-2-7 混凝土配合比及拌合物性能

试件编号	胶凝材料配伍掺量/%	砂率/%	水胶比	每立方米混凝土原材料用量/kg								坍落度/mm	含气量/%
				水泥	粉煤灰	矿渣粉	砂	石子	水	减水剂*	体积稳定剂		
P32	90C+10F	38	0.32	425	47	0	660	1 100	151	14.16	—	200	1.9
P36	90C+10F	39	0.36	385	43	0	692	1 102	154	12.83	—	185	1.6
P40	90C+10F	40	0.40	351	39	0	722	1 102	156	11.70	—	195	1.7
G30	45C+15F+35S+5R	38	0.30	218	72	170	647	1 100	145	14.50	24.2	180	1.7
G35	45C+15F+35S+5R	39	0.35	192	64	149	691	1 102	149	12.77	21.3	170	1.8
G40	45C+15F+35S+5R	40	0.40	172	58	134	722	1 103	153	11.48	19.1	180	1.5

注：表中"C"表示水泥，"F"表示粉煤灰，"S"表示矿渣粉，"R"表示体积稳定剂；减水剂为第一批次减水剂，减水率偏低。

表 2-2-8 混凝土优化试验配合比及拌合物性能

试件编号	强度等级	胶凝材料配伍掺量/%	砂率/%	水胶比	每立方米混凝土原材料用量/kg								坍落度/mm	含气量/%
					水泥	粉煤灰	矿渣粉	砂	石子	水	减水剂*	体积稳定剂		
PC35	C35	90C+10F	40	0.40	351	39	0	730	1 115	156	3.90	—	195	2.1
GC35		45C+15F+35S+5R	40	0.40	172	57	134	730	1 115	153	3.83	19.1	180	1.8
GC351		50C+15F+35S	40	0.40	193	58	135	729	1 115	154	3.85	—	190	1.9
GC352		50C+50S	40	0.40	195	0	195	728	1 113	156	3.90	—	175	1.9
PC50	C50	90C+10F	38	0.33	417	46	0	671	1 115	153	4.64	—	185	2.0
GC50		45C+15F+35S+5R	39	0.35	192	64	149	700	1 114	149	4.26	21.3	170	1.8
GC501		50C+15F+35S	39	0.35	214	64	150	699	1 114	150	4.28	—	180	1.6
GC502		50C+50S	39	0.35	217	0	217	699	1 114	152	4.34	—	185	1.8

注：表中"C"表示水泥，"F"表示粉煤灰，"S"表示矿渣粉，"R"表示体积稳定剂；减水剂为第二批次减水剂，减水率偏低。

表 2 - 2 - 9 不同水胶比和不同掺合料掺量的混凝土配合比性能试验结果

试件编号	水胶比	抗压强度/MPa		
		3 d	7 d	28 d
P32	0.32	42.1	53.6	60.4
P36	0.36	34.4	50.3	57.4
P40	0.40	28.4	47.5	53.5
G30	0.30	32.5	54.8	66.8
G35	0.35	23.4	48.5	61.4
G40	0.40	18.3	43.5	53.8

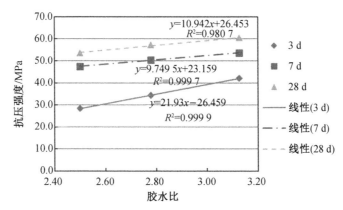

图 2 - 2 - 1 普通混凝土抗压强度与胶水比的关系曲线

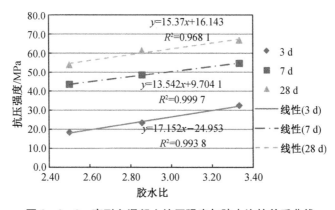

图 2 - 2 - 2 高耐久混凝土抗压强度与胶水比的关系曲线

表 2－2－10　混凝土配合比的水胶比取值

结构设计强度	满足百年耐久性的规范要求	水胶比取值	
		普通混凝土	高性能混凝土
C35	水胶比≤0.40	0.40	0.40
C50		0.33	0.35

根据表 2－2－10 中的混凝土配合比的水胶比取值，明确了 C35 和 C50 的普通混凝土及高耐久混凝土的配合比，具体见表 2－2－8。

2.2.3　掺合料掺量及其配伍的影响

针对高耐久混凝土，通过粉煤灰和矿渣在不同掺量配伍条件下，研究其对混凝土性能的影响，试验配合比见表 2－2－8。

1. 力学性能

不同掺合料配伍混凝土的力学性能分别见表 2－2－11、表 2－2－12 和图 2－2－3～图 2－2－6。

表 2－2－11　不同掺合料配伍混凝土的力学性能（一）

试件编号	混凝土强度等级	水胶比	胶凝材料配伍掺量/%	抗压强度/MPa			
				3 d	7 d	28 d	90 d
PC35	C35	0.40	90C＋10F	36.7	42.0	49.0	58.0
GC351		0.40	50C＋15F＋35S	27.5	38.7	52.8	58.4
GC352		0.40	50C＋50S	30.3	42.9	55.0	60.9
PC50	C50	0.33	90C＋10F	46.8	50.8	62.5	70.4
GC501		0.35	50C＋15F＋35S	33.3	43.4	60.0	72.7
GC502		0.35	50C＋50S	36.8	47.8	63.5	73.6

从表 2－2－11 和图 2－2－3 中可以看出，在所取水胶比下，各混凝土配合比的抗压强度均满足其配制强度的要求。掺加大掺量掺合料的高耐久混凝土的早期强度比普通混凝土明显降低。但到后期，随着混凝土强度的发展，掺合料的掺量及其配伍对混凝土抗压强度的影响趋于不明显。

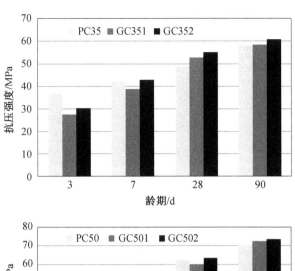

图 2-2-3 不同掺合料配伍对混凝土抗压强度的影响

表 2-2-12 不同掺合料配伍混凝土的力学性能(二)

试件编号	28 d		
	轴拉强度/MPa	极限拉伸值/×10⁻⁶	轴拉弹性模量/GPa
PC35	3.88	123	35.7
GC351	3.75	128	35.2
GC352	4.06	125	36.8
PC50	4.88	141	38.8
GC501	4.78	142	38.0
GC502	4.96	135	42.2

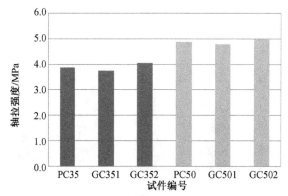

图2-2-4　不同掺合料配伍对混凝土轴拉强度的影响

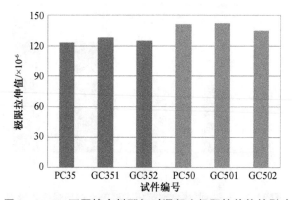

图2-2-5　不同掺合料配伍对混凝土极限拉伸值的影响

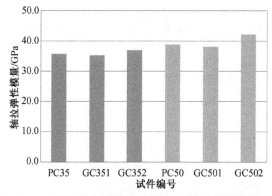

图2-2-6　不同掺合料配伍对混凝土轴拉弹性模量的影响

　　从表2-2-12和图2-2-4～图2-2-6中的极限拉伸性能来看,双掺粉煤灰和矿渣的混凝土较单掺粉煤灰或矿渣的混凝土轴拉强度略有降低。但双掺混凝土的极限拉伸值大,弹性模量低,有助于混凝土抗裂。

2. 干缩变形性能

从恒温条件下的干燥收缩研究了不同掺合料配伍对混凝土变形性能的影响。不同掺合料配伍混凝土的干缩变形试验结果见表2-2-13和图2-2-7。

表2-2-13　不同掺合料配伍混凝土的干缩变形性能

试件编号	干缩值/×10⁻⁶						
	1 d	3 d	7 d	14 d	28 d	60 d	90 d
PC35	−59	−151	−203	−265	−305	−402	−450
GC351	−30	−124	−189	−241	−285	−376	−427
GC352	−69	−147	−204	−245	−297	−405	−443
PC50	−78	−182	−251	−285	−333	−428	−481
GC501	−66	−167	−220	−269	−307	−385	−447
GC502	−72	−203	−241	−285	−332	−406	−469

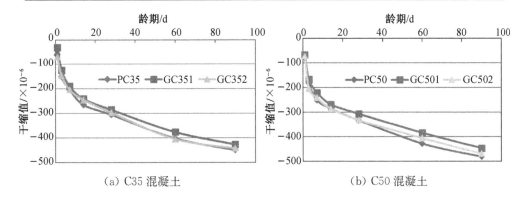

（a）C35混凝土　　　　　　　　　　　（b）C50混凝土

图2-2-7　不同掺合料配伍混凝土的干缩变形随龄期变化的关系曲线

由表2-2-13和图2-2-7的试验结果可知,在相同的掺合料掺量和配伍条件下,低强度等级混凝土的干缩变形值小;同时,对于相同强度等级混凝土而言,掺加大掺量掺合料的高耐久混凝土比普通混凝土干缩变形值小,且双掺矿渣和粉煤灰的混凝土较单掺矿渣的混凝土干缩变形值小。

3. 耐久性能

研究了不同掺合料配伍混凝土的抗腐蚀耐久性能和抗渗性能。

（1）抗腐蚀耐久性能

不同掺合料配伍混凝土的抗氯离子渗透性能及抗硫酸盐侵蚀性能的试验结果见表2-2-14。

表 2 - 2 - 14　不同掺合料配伍混凝土的抗腐蚀耐久性能

试件编号	抗氯离子渗透性能（标准养护 28 d）	抗硫酸盐侵蚀性能（标准养护 56 d）	
	氯离子扩散系数（RCM 法）/（$\times 10^{-12}$ m^2 · s^{-1}）	循环次数	抗压强度耐蚀系数/%
PC35	10.5	150	87
GC351	2.4		90
GC352	2.0		92
PC50	3.3	150	92
GC501	2.4		94
GC502	1.5		97

由表 2 - 2 - 14 的试验结果可知，随着强度等级的提高，混凝土抗氯离子渗透性能及抗硫酸盐侵蚀性能均随之提高。对于相同强度等级的混凝土而言，掺加大掺量掺合料的高耐久混凝土比普通混凝土的抗氯离子渗透性能及抗硫酸盐侵蚀性能明显提高，同时，单掺矿渣的高耐久混凝土比双掺粉煤灰和矿渣的高耐久混凝土抗氯离子渗透性能及抗硫酸盐侵蚀性能要好。

C35 强度等级的普通混凝土的氯离子扩散系数明显大于 7.0×10^{-12} m^2/s，不能满足混凝土百年耐久性指标要求，C35 强度等级的高耐久混凝土的氯离子扩散系数及抗硫酸盐侵蚀性能均能满足混凝土百年耐久性指标要求。而 C50 强度等级的普通混凝土和高耐久混凝土均可满足混凝土百年耐久性指标要求。

（2）抗渗性能

不同掺合料配伍混凝土养护 28 d 的抗渗性能试验结果见表 2 - 2 - 15。

表 2 - 2 - 15　不同掺合料配伍混凝土的抗渗性能

试件编号	水压力/MPa	渗水高度/mm	抗渗等级
PC35	1.3	37	W12
GC351	1.3	24	W12
GC352	1.3	31	W12
PC50	1.3	26	W12
GC501	1.3	15	W12
GC502	1.3	20	W12

将水压力逐级加压至 1.3 MPa 时,混凝土试件无一透水,各混凝土抗渗性能优异,满足混凝土百年耐久性参数要求。相对而言,掺加大掺量掺合料的高耐久混凝土比普通混凝土渗水高度要小,特别是双掺粉煤灰和矿渣的高耐久混凝土抗渗性能最优。

2.2.4 外加剂的影响

采用南京水利科学研究院研制的混凝土体积稳定剂对高耐久混凝土进行了性能对比。

1. 力学性能

不同外加剂混凝土各龄期的力学性能分别见表 2-2-16、表 2-2-17 和图 2-2-8～图 2-2-11。

表 2-2-16 不同外加剂混凝土的力学性能(一)

试件编号	强度等级	水胶比	胶凝材料配伍掺量/%	抗压强度/MPa			
				3 d	7 d	28 d	90 d
GC35	C35	0.40	45C+15F+35S+5R	30.2	42.4	54.5	59.3
GC351			50C+15F+35S	27.5	38.7	52.8	58.4
GC50	C50	0.35	45C+15F+35S+5R	38.4	47.7	60.4	70.8
GC501			50C+15F+35S	33.3	43.4	60.0	72.7

表 2-2-17 不同外加剂混凝土的力学性能(二)

试件编号	28 d		
	轴拉强度/MPa	极限拉伸值/$\times 10^{-6}$	轴拉弹性模量/GPa
GC35	3.98	129	36.6
GC351	3.75	128	35.2
GC50	4.82	145	39.6
GC501	4.78	142	38.0

由表 2-2-16 和图 2-2-9 可知,在相同强度等级条件下,掺加体积稳定剂明显增加了混凝土的早期强度,而对混凝土的后期强度影响不明显。

从表 2-2-17 和图 2-2-10～图 2-2-12 的试验结果可知,在相同强度等级条件下,掺加体积稳定剂的混凝土轴拉强度、极限拉伸值以及轴拉弹性模量均略有增加。

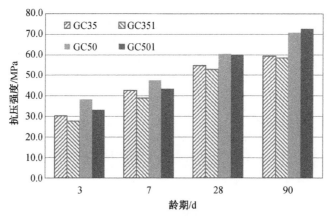

图 2-2-8　不同外加剂对混凝土抗压强度的影响

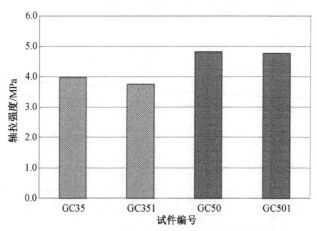

图 2-2-9　不同外加剂对混凝土轴拉强度的影响

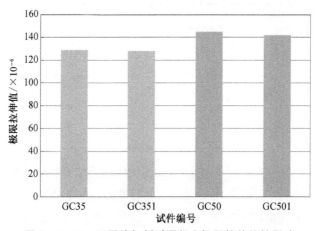

图 2-2-10　不同外加剂对混凝土极限拉伸值的影响

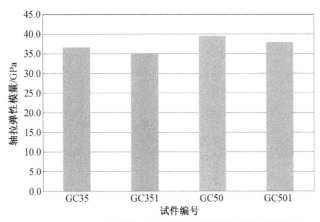

图 2-2-11　不同外加剂对混凝土轴拉弹性模量的影响

2. 干缩变形性能

不同外加剂混凝土的干缩变形试验结果见表 2-2-18 和图 2-2-12。试验结果表明,掺加体积稳定剂的混凝土干缩变形值减小,特别是早期的干缩值较后期明显减小。

表 2-2-18　不同外加剂混凝土的干缩变形性能

试件编号	干缩值/$\times 10^{-6}$						
	1 d	3 d	7 d	14 d	28 d	60 d	90 d
GC35	−23	−106	−189	−241	−280	−370	−423
GC351	−30	−124	−199	−253	−285	−376	−427
GC50	−48	−148	−220	−269	−306	−377	−440
GC501	−66	−167	−232	−270	−307	−385	−447

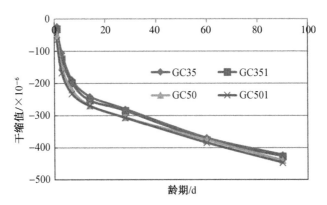

图 2-2-12　不同外加剂混凝土的干缩变形随龄期变化的关系曲线

3. 抗腐蚀耐久性

不同外加剂混凝土的抗氯离子渗透性能及抗硫酸盐侵蚀性能的试验结果见表 2-2-19。试验结果表明,掺加体积稳定剂的高耐久混凝土抗氯离子渗透性能以及抗硫酸盐侵蚀性能均有所提高。

表 2-2-19　不同外加剂混凝土的耐久性能

试件编号	抗氯离子渗透性能(标准养护 28 d)	抗硫酸盐侵蚀性能(标准养护 56 d)	
	氯离子扩散系数(RCM 法) /(×10^{-12} m² · s^{-1})	循环次数	抗压强度耐蚀系数/%
GC35	2.03		91
GC351	2.44	150	90
GC50	1.55		94
GC501	2.38		94

2.3　混凝土抗裂性综合评价试验

项目采用温度—应力试验机法,开展混凝土抗裂性指标的综合评价试验。根据温度—应力试验和 B4cast 温度应力分析软件联合对混凝土的综合抗裂性进行分析。

2.3.1　温度—应力试验方法

温度—应力试验是主要研究单轴约束状态下温度应力导致的混凝土开裂风险的试验方法,所采用的主要设备是混凝土温度—应力试验机。这种设备最早由 Springenschmid 于 20 世纪 80 年代在开裂试验架的基础之上开发出来[1]。Kovler[2] 在此基础上增加了不受约束的自由变形试件,其结构原理示意见图 2-3-1。受约束试件的一端固定在试验机机架上,另外一端可活动。混凝土试件的两端由两个钳状夹头夹紧,可以对试件实际发生的变形进行控制。通过变形测量系统可以测量试件的实际变形。在整个试验过程中当这个变形达到 1 μm 时,计算机控制系统根据设定使位移控制系统运行起来,把这个变形减小并保持在 1 μm 以内,在这种状态下试件的约束程度为 100%。与此同时所测量出的应力即为约束应力[14]。试验时,活动端经由荷载传感器连接在步进电机的减速箱上。试件的温度变形和自生体积变形累计达到预先设定阈值(比如 1 μm)时,步进电机对活动端进行一次拉/压的回复动作,使其始终保持在原点,从而实现近似 100% 至其他不同程度的约束。

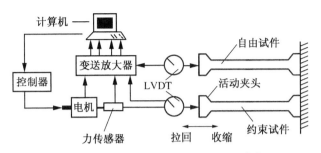

图 2 - 3 - 1 温度—应力试验机原理[15]

试件处于温控模板的包围中。温控模板是空心的,可通过其内的循环介质对试件进行加热或冷却,使试件处于不同的温度历程(绝热、恒温或其他特定的温度曲线)。试件两侧平行设置两个位移传感器(LVDT)。计算机控制系统通过温度传感器、荷载传感器和位移传感器自动记录试件的温度、应力和变形。试验所用3 台温度—应力试验机如图 2 - 3 - 2 所示。

图 2 - 3 - 2 温度—应力试验机

温度—应力试验机采用的试验制度和试验步骤如下:

1. 试验制度

采用温度匹配养护模式,进行温度—应力试验。采用 B4cast 计算的温度曲线,进行温度设定。混凝土浇注温度 28 ℃。试验历时 168 h 后混凝土降温至30 ℃左右,然后再进行强制降温(降温速率 1 ℃/h),直至试件断裂。

2. 试验步骤

先采用 B4cast 软件进行建模,输入边界条件和材料参数,计算模拟施工浇筑条件下,不同配合比混凝土温度发展历程,根据模拟得到的温度过程线,进行混凝土的温度—应力试验。

2.3.2 试验参数

采用 B4cast 软件计算温度场时,需要输入 20 ℃条件下各成熟度的胶凝材料的水化热。混凝土的成熟度按照等效龄期来计算,即认为混凝土绝对零度强度不发展。成熟度 M(等效龄期)的计算公式为:

$$M = \sum \exp\left[3\,000 \times \left(\frac{1}{293} - \frac{1}{273 + T_i}\right)\right] \times \Delta t_i \qquad (2-3-1)$$

式中: T_i——i 时刻对应的温度;

Δt_i——时间间隔。

根据式(2-3-1)得出相应龄期混凝土的成熟度。

同时,根据混凝土绝热温升,计算混凝土胶凝材料体系的水化热。水化热计算公式如下:

$$Q_n = \frac{\theta_n C_k}{W} \qquad (2-3-2)$$

式中: θ_n——n 天龄期混凝土绝热温升,℃;

C_k——混凝土试件的质量与混凝土平均比热的乘积,kJ/℃;

Q_n——n 天龄期胶凝材料水化热,kJ/kg;

W——混凝土试件的胶凝材料用量,kg/m³。

根据式(2-3-2)得出相应龄期混凝土胶凝材料的水化热。

通过绝热温升,计算成熟度和胶凝材料体系的水化热,用于 B4cast 软件温度场的计算。

根据 OriginPro 8.0 非线性拟合功能,拟合成熟度与水化热的关系。图 2-3-3 以 GC351 为例,给出拟合曲线及双曲线关系函数。

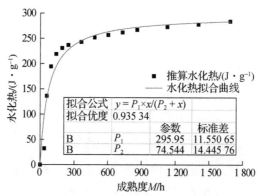

图 2-3-3 GC351 水化热曲线拟合

试验混凝土胶凝材料体系的水化热拟合,见表 2-3-1。

表 2-3-1　混凝土中胶凝材料的水化热数据拟合

试件编号	水化热拟合公式	R^2
PC35	$y=\dfrac{401.2x}{32.2+x}$	0.977 9
GC35	$y=\dfrac{324.1x}{217.6+x}$	0.979 9
GC351	$y=\dfrac{296.0x}{74.5+x}$	0.935 3
GC352	$y=\dfrac{296.6x}{45.7+x}$	0.982 9
GC50	$y=\dfrac{279.8x}{40.5+x}$	0.971 7

在 B4cast 分析软件中进行建模,计算温度场。

参数取值:比热 0.97 kJ/(kg·℃),混凝土上表面对流散热系数 45 kJ/(m²·h·℃),底板与基岩的对流散热系数 65 kJ/(m²·h·℃)。

输入胶凝材料总量、水化热等参数,得出各个混凝土中心点的温度曲线。

根据所得温度曲线,进行混凝土的温度—应力试验。图 2-3-4 为采用 B4cast 软件计算的 GC351 混凝土在不同结构部位点的温度曲线。

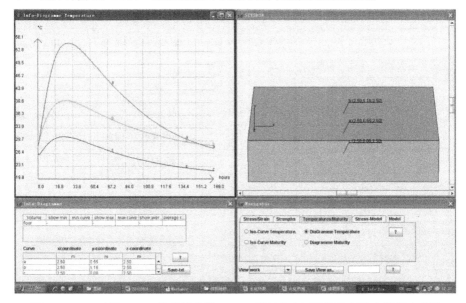

图 2-3-4　采用 B4cast 软件计算的 GC351 混凝土在不同结构部位点的温度曲线

2.3.3 温度应力试验结果

试验混凝土的温度曲线、应力曲线等温度—应力试验结果如图 2-3-5～图 2-3-14 所示。混凝土开裂指标见表 2-3-2～表 2-3-6。

1. GC50 混凝土试件

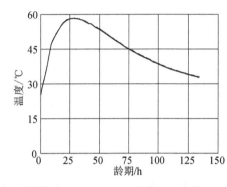

图 2-3-5　GC50 试件温度曲线　　　　图 2-3-6　GC50 试件应力曲线

表 2-3-2　GC50 混凝土开裂指标

指标	参数	单位	测值	参数	单位	测值
开裂细化指标	新拌混凝土温度	℃	27.8	—		
	第一零应力温度	℃	37.9	第一零应力时间	h	6
	最大压应力	MPa	0.3	最大压应力时间	h	19
	最大压应力时的温度	℃	55.9	—		
	最大膨胀变形值	×10⁻⁶	15.8	—		
	最高温升	℃	58.5	最高温升时间	h	29
	第二零应力温度	℃	56.7	第二零应力时间	h	38
核心指标	室温应力	MPa	—	室温应力时间	h	
	最大收缩变形值	×10⁻⁶	−73.7	—		
	开裂应力	MPa	−2.94	开裂时间	h	134
	应力储备	%				
	芯样劈裂抗拉强度	MPa	3.28			
综合指标	开裂温度	℃	33.0	—		
	开裂温降	℃	25.5	—		

2. GC35 混凝土试件

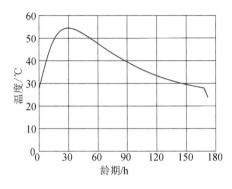

图 2-3-7 GC35 试件温度曲线

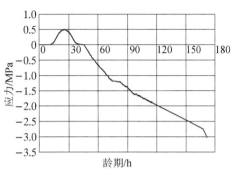

图 2-3-8 GC35 试件应力曲线

表 2-3-3 GC35 混凝土开裂指标

指标	参数	单位	测值	参数	单位	测值
开裂细化指标	新拌混凝土温度	℃	27.5	—		
	第一零应力温度	℃	37.4	第一零应力时间	h	8.2
	最大压应力	MPa	0.5	最大压应力时间	h	25.5
	最大压应力时的温度	℃	54.3	—	—	—
	最大膨胀变形值	×10⁻⁶	—	—	—	—
	最高温升	℃	54.5	最高温升时间	h	28.0
	第二零应力温度	℃	51.7	第二零应力时间	h	45.8
核心指标	室温应力	MPa	—	室温应力时间	h	
	最大收缩变形值	×10⁻⁶	—	—	—	—
	开裂应力	MPa	−3.02	开裂时间	h	180
	应力储备	%	—	—	—	—
	芯样劈裂抗拉强度	MPa	—			
综合指标	开裂温度	℃	22.2	—	—	—
	开裂温降	℃	32.2	—	—	—

3. GC352 混凝土试件

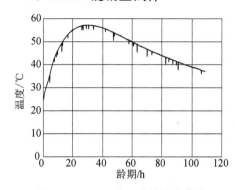

图 2-3-9　GC352 试件温度曲线

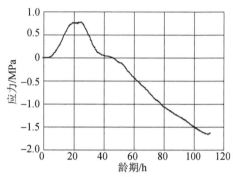

图 2-3-10　GC352 试件应力曲线

表 2-3-4　GC352 混凝土开裂指标

指标	参数	单位	测值	参数	单位	测值
开裂细化指标	新拌混凝土温度	℃	27.7	—	—	—
	第一零应力温度	℃	32.4	第一零应力时间	h	4
	最大压应力	MPa	0.73	最大压应力时间	h	24
	最大压应力时的温度	℃	56.5	—	—	—
	最大膨胀变形值	×10⁻⁶	16.7	—	—	—
	最高温升	℃	57.2	最高温升时间	h	27.5
	第二零应力温度	℃	54.0	第二零应力时间	h	46
核心指标	室温应力	MPa	—	室温应力时间	h	
	最大收缩变形值	×10⁻⁶	−22.1	—	—	—
	开裂应力	MPa	−1.55	开裂时间	h	107
	应力储备	%	—	—	—	—
	芯样劈裂抗拉强度	MPa	2.27			
综合指标	开裂温度	℃	37.1			
	开裂温降	℃	20.1	—	—	—

4. GC351 混凝土试件

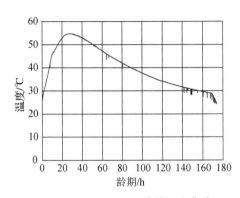

图 2-3-11　GC351 试件温度曲线

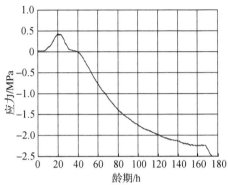

图 2-3-12　GC351 试件应力曲线

表 2-3-5　GC351 混凝土开裂指标

指标	参数	单位	测值	参数	单位	测值
开裂细化指标	新拌混凝土温度	℃	28.1	—	—	—
	第一零应力温度	℃	37.7	第一零应力时间	h	6
	最大压应力	MPa	0.44	最大压应力时间	h	20
	最大压应力时的温度	℃	52.8	—	—	—
	最大膨胀变形值	×10⁻⁶	18.2	—	—	—
	最高温升	℃	54.8	最高温升时间	h	28
	第二零应力温度	℃	53.2	第二零应力时间	h	39
核心指标	室温应力	MPa	—	室温应力时间	h	—
	最大收缩变形值	×10⁻⁶	−26.5	—	—	—
	开裂应力	MPa	−2.48	开裂时间	h	174
	应力储备	%	—	—	—	—
	芯样劈裂抗拉强度	MPa	—	—	—	—
综合指标	开裂温度	℃	24.3	—	—	—
	开裂温降	℃	30.5	—	—	—

5. PC35 混凝土试件

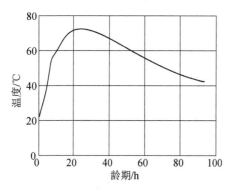

图 2 - 3 - 13　PC35 试件温度曲线

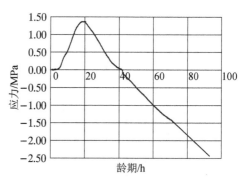

图 2 - 3 - 14　PC35 试件应力曲线

表 2 - 3 - 6　PC35 混凝土开裂指标

指标	参数	单位	测值	参数	单位	测值
开裂细化指标	新拌混凝土温度	℃	27.0	—	—	—
	第一零应力温度	℃	33.5	第一零应力时间	h	3.2
	最大压应力	MPa	1.37	最大压应力时间	h	18.2
	最大压应力时的温度	℃	70.6	—	—	—
	最大膨胀变形值	×10^{-6}	31.5	—	—	—
	最高温升	℃	72.5	最高温升时间	h	23.8
	第二零应力温度	℃	66.0	第二零应力时间	h	41.9
核心指标	室温应力	MPa	—	室温应力时间	h	—
	最大收缩变形值	×10^{-6}	−66.5	—	—	—
	开裂应力	MPa	−2.43	开裂时间	h	93.1
	应力储备	%	—	—	—	—
	芯样劈裂抗拉强度	MPa	2.82	—	—	—
综合指标	开裂温度	℃	42.4	—	—	—
	开裂温降	℃	30.1	—	—	—

各混凝土的开裂温度、开裂温降和开裂时间如表 2－3－7 所示。

表 2－3－7　混凝土开裂温度、开裂温降与开裂时间

试样编号	强度等级	水胶比	胶凝材料配伍掺量/%	开裂温度/℃	开裂温降/℃	开裂时间/h
GC50	C50	0.35	45C＋15F＋35S＋5R	33.0	25.5	134
GC35	C35	0.40	45C＋15F＋35S＋5R	22.2	32.2	180
GC352			50C＋50S	37.1	20.1	107
GC351			50C＋15F＋35S	24.2	30.5	174
PC35			90C＋10F	42.4	30.1	93

混凝土的开裂温降即为混凝土的最高温度与开裂温度的差值,综合考虑混凝土在温度应力、近似 100% 约束度、徐变等各项影响因素作用下混凝土约束应力发展,表征混凝土的综合抗裂性。开裂温降越大,表明混凝土容许的温度变化范围越大,抗裂性越好。混凝土的开裂温降在 20～30 ℃ 之间。

开裂温度表示混凝土开裂时的温度,开裂温度越低,在施工中,温控压力越小。在施工监测中,关注开裂温度,即时采取必要措施,改善温控措施,可有效减小混凝土开裂的风险。

2.3.4　试验结果分析

1. 混凝土强度的影响

对于同为高性能混凝土的 GC35 与 GC50 而言,GC35 开裂温降比 GC50 高 6.7 ℃,开裂温度比 GC50 低 10.8 ℃,而开裂时间比 GC50 晚 46 h,明显延长。即随着混凝土强度的增加,混凝土的开裂温度增大,开裂温降减小,开裂时间明显提前,混凝土的开裂风险增加。

2. 掺合料配伍的影响

对于具有相同水胶比的 PC35、GC351 和 GC352 而言,GC352 单掺 50% 矿渣未掺加粉煤灰,开裂温度为 20.1 ℃,是本次混凝土试验中开裂温降最低的一个配合比。而掺合料总掺量同样为 50%,掺合料组合为 15% 粉煤灰＋35% 矿渣的 GC351 混凝土试件,其开裂温降增大为 30.5 ℃。改变掺合料配伍,双掺矿渣和粉煤灰较单掺矿渣改善了混凝土的抗裂性。

PC35 混凝土试件最高温升 72.5 ℃,开裂温降 30.1 ℃,开裂温度 42.4 ℃。由

于 PC35 温升较高,混凝土产生了较大的预压应力,使其开裂时间得以延迟。而 GC351 开裂温降为 30.5 ℃,开裂温度为 24.3 ℃。尽管 GC351 与 PC35 开裂温降基本相当,但是 PC35 开裂温度超过了 40 ℃,两者的开裂温度相差高达 18 ℃。在实际施工中,考虑到珠三角地区浇注温度的影响,混凝土极易开裂。因此,混凝土中掺加掺合料,同时优化掺合料配伍,有利于降低混凝土的开裂温度,提高混凝土的抗裂性。

3. 外加剂的影响

对于 GC351 与 GC35 混凝土试件而言,由于 GC35 试件掺加了体积稳定剂,开裂温降相比 GC351 增加了 1.7 ℃,开裂温度下降了 2.1 ℃,开裂时间延长了 6 h,掺加体积稳定剂提高了高性能混凝土的抗裂性。混凝土中掺加了体积稳定剂后,随着温度的升高,混凝土膨胀压力增大,混凝土内部存在内压预应力。当混凝土降温时,预压应力释放,缓解了部分拉应力。由此,混凝土中掺加体积稳定剂后,开裂温降增加,开裂温度降低,开裂时间延长,混凝土抗裂性得到提高。

综上所述,随着混凝土强度等级的提高,混凝土的开裂温度增大,开裂温降减小,开裂时间明显提前,混凝土的开裂风险增加;混凝土中掺加掺合料,优化掺合料配伍,即双掺有利于减小混凝土的开裂温度,提高混凝土的抗裂性;混凝土中掺加体积稳定剂后,开裂温降增加,开裂温度降低,开裂时间延长,混凝土抗裂性得到提高。

2.4 隧洞混凝土推荐参考配合比及其技术经济分析

2.4.1 原材料要求

水泥选取强度等级不低于 42.5 的硅酸盐或者普通硅酸盐水泥;

掺合料选取Ⅰ级粉煤灰和 S95 级矿渣粉,以及南京水利科学研究院研制的体积稳定剂;

细骨料选取中粗砂,细度模数在 2.3～3.0 范围,粗骨料选取 5～20 mm 和 20～40 mm 的二级配人工碎石;

减水剂选取减水率不低于 25% 的高性能减水剂。

2.4.2 配合比基本参数

在中等腐蚀环境条件下,根据 C35 混凝土的结构强度要求、百年耐久性要求以及抗裂要求,结合上述试验论证结果,建议 C35 混凝土掺加 15% 粉煤灰＋35% 矿渣,同时复掺 5% 体积稳定剂。

同时，由上述试验论证结果可知，对于C50混凝土而言，在中等腐蚀环境条件下，普通混凝土和掺加高掺量掺合料的高耐久混凝土均可满足百年耐久性要求，而高耐久混凝土的抗裂性能优于普通混凝土。因此，对于预制C50混凝土构件来说，由于抗裂性问题不突出，因此建议预制C50混凝土可采用普通混凝土即掺加10％粉煤灰，或者采用双掺高耐久混凝土即掺加15％粉煤灰＋35％矿渣，同时复掺5％体积稳定剂；而对于现浇C50混凝土来说，考虑到需兼顾耐久性能和抗裂性能，故建议现浇C50混凝土采用双掺高耐久混凝土即掺加15％粉煤灰＋35％矿渣，同时复掺5％体积稳定剂。

C35混凝土最大水胶比控制为0.40，C50混凝土最大水胶比控制为0.35。

2.4.3 耐久性指标

混凝土28 d氯离子扩散系数应不大于7.0×10^{-12} m^2/s（最小保护层厚度50 mm）；

混凝土56 d抗硫酸盐等级不小于KS150；

混凝土28 d抗渗等级为W12。

2.4.4 推荐混凝土参考配合比

推荐混凝土参考配合比见表2-4-1。推荐的混凝土参考配合比和普通混凝土性能对比见表2-4-2～表2-4-5。

表2-4-1 隧洞混凝土参考配合比

强度等级	水胶比	每立方米混凝土原材料用量/kg								坍落度/mm	备注
		水泥	粉煤灰	矿渣粉	砂	石子	水	减水剂	体积稳定剂		
C35	0.40	172	57	134	730	1115	153	3.83	19.1	180	以风干骨料计
	0.37	172	57	134	737	1120	141	3.83	19.1		以饱和面干骨料计
C50	0.35	192	64	149	700	1114	149	4.26	21.3	170	预制或现浇（以风干骨料计）
	0.32	192	64	149	707	1119	137	4.26	21.3		预制或现浇（以面干骨料计）
	0.33	417	46	0	671	1115	153	4.64	—	185	预制（以风干骨料计）
	0.30	417	46	0	678	1120	141	4.64	—		预制（以面干骨料计）

表 2-4-2　混凝土力学性能

| 强度等级 | 试件编号 | 抗压强度/MPa | | | | 28 d极限拉伸性能 | | |
		3 d	7 d	28 d	90 d	轴拉强度/MPa	极限拉伸值/×10⁻⁶	轴拉弹性模量/GPa
C35	GC35(推荐)	30.2	42.4	54.5	59.3	3.98	129	36.6
	PC35(普通)	36.7	42.0	49.0	58.0	3.88	123	35.7
C50	GC50(推荐)	38.4	47.7	60.4	70.8	4.82	145	39.6
	PC50(普通)	46.8	50.8	62.5	70.4	4.88	141	38.8

表 2-4-3　混凝土干缩变形性能

| 强度等级 | 试件编号 | 干缩值/×10⁻⁶ | | | | | | |
		1 d	3 d	7 d	14 d	28 d	60 d	90 d
C35	GC35(推荐)	23	106	199	253	280	370	423
	PC35(普通)	59	151	203	265	305	402	450
C50	GC50(推荐)	48	148	232	270	306	377	440
	PC50(普通)	78	182	251	285	333	428	481

表 2-4-4　混凝土耐久性能

强度等级	试件编号	氯离子渗透性能（标准养护 28 d）氯离子扩散系数（RCM法）/（×10⁻¹² m²·s⁻¹）	抗硫酸盐侵蚀性能（标准养护 56 d）抗压强度耐蚀系数（150 次循环）/%	抗渗等级（标准养护 28 d）
C35	GC35(推荐)	2.03	91	W12
	PC35(普通)	10.52	87	W12
C50	GC50(推荐)	1.55	94	W12
	PC50(普通)	3.27	92	W12

表 2-4-5　混凝土开裂温度与开裂温降

强度等级	试件编号	水胶比	胶凝材料配伍掺量/%	开裂温度/℃	开裂温降/℃	开裂时间/h
C35	PC35(普通)	0.40	90C+10F	42.4	30.1	93
	GC35(推荐)		45C+15F+35S+5R	22.2	32.2	180
C50	GC50(推荐)	0.35	45C+15F+35S+5R	33.0	25.5	134

2.4.5 推荐配合比技术经济分析

推荐的 C35 隧洞钢筋混凝土的参考配合比原材料价格分析见表 2－4－6,并将 C35 普通混凝土作为分析对比组。

表 2－4－6 推荐高耐久混凝土技术经济分析表

内容	推荐混凝土			普通混凝土		
强度等级	C35			C35		
水胶比	0.40			0.40		
掺合料	15％粉煤灰＋35％矿渣＋5％体积稳定剂			10％粉煤灰		
氯离子扩散系数	2.03×10^{-12} m^2/s			10.52×10^{-12} m^2/s		
抗硫酸盐等级	≥KS150			≥KS150		
抗渗等级	W12			W12		
抗裂性能	开裂温度/℃	22.2		开裂温度/℃	42.4	
	开裂温降/℃	32.2		开裂温降/℃	30.1	
	开裂时间/h	180		开裂时间/h	93	
原材料	用量/(kg・m^{-3})	单价/(元・kg^{-1})	小计/(元・m^{-3})	用量/(kg・m^{-3})	单价/(元・kg^{-1})	小计/(元・m^{-3})
水泥	172	0.42	72.24	351	0.42	147.42
矿渣	134	0.35	46.9	0	0.35	0
粉煤灰	57	0.2	11.4	39	0.2	7.8
体积稳定剂	19	0.4	7.6	0	0.4	0
砂	730	0.1	73	730	0.1	73
碎石	1 115	0.08	89.2	1 115	0.08	89.2
水	153	0.003	0.459	156	0.003	0.468
减水剂	3.83	4	15.32	3.9	4	15.6
合计	316.12 元/m^3			333.49 元/m^3		
差价	17.37 元/m^3					

由表 2－4－6 中推荐混凝土和普通混凝土的技术经济对比分析结果可知,在相同的强度等级条件下,推荐的满足隧洞钢筋混凝土 100 年设计使用年限的高耐久混凝土抗氯离子侵蚀性能和抗裂性能明显高于普通混凝土,而推荐混凝土的原材料成本却比普通混凝土降低约 17 元/m^3。由于推荐的高耐久混凝土掺加了大掺

量的矿物掺合料,一方面减少了水泥用量,有助于节能和降低碳排放;另一方面耐久性能的显著提升有效减少了工程混凝土建筑物全寿命周期成本,不仅具有明显的经济效益,而且社会效益、生态环境效益显著,符合国家绿色发展要求。

2.5 本章小结

(1)根据现场腐蚀环境调研情况以及现行相关耐久性规范要求,确定了珠江三角洲水资源配置工程建筑物混凝土在中等腐蚀环境条件下满足百年耐久年限混凝土的配合比设计方案和性能指标要求。混凝土配合比设计方案即利用大掺量掺合料取代部分水泥,同时优选复合混凝土外加剂,提高混凝土的耐久性和抗裂性,降低原材料成本。混凝土综合性能指标要求为:水胶比≤0.40;标准养护28 d混凝土试件氯离子扩散系数(RCM法)≤$7.0×10^{-12}$ m²/s;标准养护56 d混凝土试件抗硫酸盐侵蚀性能≥KS150;标准养护28 d混凝土试件抗渗等级为W12;混凝土抗裂性优良。

(2)混凝土配合比优化试验结果表明,在相同强度等级条件下,满足相同的工作性时,掺加大掺量掺合料的高耐久混凝土与普通混凝土相比,单位用水量少,胶材用量低,干缩小,抗氯离子渗透性能及抗硫酸盐侵蚀性能显著提高。虽然掺加大掺量掺合料降低了混凝土的早期强度,但是对后期强度的影响不明显;对于极限拉伸性能而言,双掺粉煤灰和矿渣的混凝土较单掺粉煤灰或矿渣的混凝土轴拉强度略有降低,但双掺混凝土的极限拉伸值大,弹性模量低,有助于混凝土抗裂。同时试验结果显示,单掺矿渣的混凝土较双掺矿渣和粉煤灰的混凝土耐久性能优;而双掺粉煤灰与矿渣的混凝土比单掺矿渣的混凝土综合性能优。C35普通混凝土不能满足百年耐久性指标要求;而C35高耐久混凝土和C50普通及高耐久混凝土均满足百年耐久性指标要求。

(3)在高耐久混凝土双掺配伍方案中再掺加体积稳定剂,可以提高高耐久混凝土的早期强度,同时混凝土的轴拉强度、极限拉伸值以及轴拉弹性模量都略有增加,混凝土干缩变形值减小,抗氯离子渗透性能及抗硫酸盐侵蚀性能均有所提高。

(4)采用温度应力试验机法开展的混凝土抗裂性综合评价试验结果表明,随着混凝土强度等级的提高,混凝土的开裂温度增大,开裂温降减小,开裂时间明显提前,混凝土的开裂风险增加;混凝土中掺加大掺量掺合料,同时优化掺合料配伍,即双掺有利于减小混凝土的开裂温度,提高混凝土的抗裂性;混凝土中掺加体积稳定剂后,开裂温降增加,开裂温度降低,开裂时间延长,混凝土抗裂性得到提高。

(5)根据设计和相关规范要求,结合试验论证结果,推荐了C35隧洞混凝土和C50隧洞混凝土的参考配合比。

3 滨海复杂环境下隧洞混凝土劣化进程及机理

前面章节根据设计和相关规范要求,结合试验论证结果,推荐了处于中等腐蚀环境下的高耐久隧洞混凝土的参考配合比,提出了满足百年使用年限的混凝土耐久性指标要求。

但实际部分隧洞混凝土结构是在应力或非应力与不同化学腐蚀和物理疲劳共同作用下运行的,单一因素作用下混凝土耐久性指标研究难以真实地反映工程所处环境的客观实际。虽然评估混凝土的耐久性已经有多种方法和计算模型,但是都忽略了诸多工程绝非单一因素作用下的损伤,材料内部劣化程度也绝不是各因素单独作用分别引起损伤的简单叠加,而是诸多因素相互影响、相互叠加,是交互作用的结果。

本章采用室内模拟试验,结合现场环境调研,研究了静水压及拉应力状态下隧洞混凝土腐蚀劣化规律,试验结果也将作为下文对隧洞钢筋混凝土结构实际寿命进行预测和评估的依据。

3.1 静水压和硫酸盐、氯盐耦合作用下钢筋混凝土劣化规律

本工程深埋输水建筑物地处滨海深圳地区,部分隧洞混凝土结构埋深达 60 m 以上,具有中等腐蚀的地下水将对隧洞钢筋混凝土可能产生高达 0.6 MPa 的静水压力。在一定的静水压下,必将影响水中的侵蚀性离子如氯离子向混凝土中传输,进而影响钢筋混凝土的耐久性。故本节研究了静水压和硫酸盐、氯盐多因素耦合作用下钢筋混凝土的劣化规律。

针对推荐的 C35 高耐久混凝土和 C35 普通混凝土,以及 C50 普通混凝土开展了混凝土在静水压力、侵蚀性离子多因素耦合作用下的劣化规律试验研究。

3.1.1 试验设计

根据工程隧洞混凝土的最大埋深情况,试验的静水压力设置为 0.6 MPa;同

时,工程初步地质勘查报告明确部分地区地下水处于中等腐蚀环境,根据《水利水电工程地质勘查规范》(GB 50487—2008)所规定的中等腐蚀环境中 Cl^-、SO_4^{2+} 浓度,配制了试验溶液,其中硫酸镁(MgSO₄)浓度 0.65 g/L(其中 SO_4^{2-} 浓度 500 mg/L),氯化钠(NaCl)浓度 9 650 mg/L(其中 Cl^- 浓度 5 000 mg/L)。

混凝土的静水压力采用混凝土抗渗仪进行加载,见图 3-1-1。试件尺寸为上口直径 175 mm、下口直径 185 mm、高 150 mm 的截头圆锥体试件。由于深埋输水隧洞混凝土处于水饱和环境,无干湿交替,因此试验时于试件底面施加静水压力,侧面蜡封。静水压力加载至 0.6 MPa 后保持恒定,直至到达所设定的试验龄期后卸载压力,测试混凝土的渗水高度以及氯离子在混凝土中不同扩散深度下的浓度。氯离子浓度通过钻取不同深度混凝土砂浆粉末样品,测定混凝土砂浆中水溶性氯离子含量来反映。

(a) 0.6 MPa 静水压

(b) 无静水压

图 3-1-1　试件及静水压力下腐蚀试验

3.1.2 试验结果

1. 渗透高度

将达到一定侵蚀龄期的混凝土试件纵向劈开,分别测试 0 MPa 及 0.6 MPa 静水压力下混凝土的渗水高度,结果见表 3-1-1。表中试件编号中的"0"表示该试件不承受静水压力,"1"表示该试件承受了 0.6 MPa 的静水压力。

表 3-1-1　混凝土渗水高度

试件	静水压力/MPa	渗水高度/mm			
		90 d	180 d	360 d	660 d
PC35-0	0	0	0	0	0
PC35-1	0.6	5.5	5.5	5.5	5.5
GC35-0	0	0	0	0	0
GC35-1	0.6	3.5	3.5	3.5	3.5
PC50-0	0	0	0	0	0
PC50-1	0.6	3.0	3.0	3.0	3.0

从表 3-1-1 中混凝土的渗水高度结果可知,混凝土密实性优,在无静水压力的饱和水条件下,水在混凝土中均无肉眼可见的渗透高度;在 0.6 MPa 的静水压下,普通 C35 和 C50 混凝土分别有 5.5 mm 和 3.0 mm 的渗水高度,高耐久 C35 混凝土有 3.5 mm 的渗水高度。且在 90～660 d 的试验龄期内,随着时间的延长,各混凝土的渗水高度保持稳定,并无增长。

根据《水工混凝土试验规程》(SL/T 352—2020)中"混凝土抗渗性试验",采用逐级加压法测试了各混凝土试件在加压至 0.6 MPa 8 h 和加压至 1.3 MPa 8 h 后的渗水高度,结果见表 3-1-2。

表 3-1-2　混凝土抗渗性能

试件编号	水压力/MPa	渗水高度/mm	水压力/MPa	渗水高度/mm
PC35	0.6	5.5	1.3	37
GC35	0.6	3.0	1.3	22
PC50	0.6	3.0	1.3	26

由表 3-1-2 的抗渗试验结果可知,随着水压力的增加,混凝土的渗水高度是增加的。对比表 3-1-1 和表 3-1-2 的试验结果可知,在 0.6 MPa 水压力条件下,混

凝土的8 h标准抗渗试验的渗水高度已基本稳定,不再随着时间的延长而明显增加。

以上试验结果表明,随着静水压力的增加,混凝土中的溶液渗透高度随之增加;在一定的静水压力条件下,混凝土中的溶液渗透高度并不随着侵蚀龄期的延长而增加,不同的混凝土将很快达到各自稳定的平衡渗透高度。

2. 氯离子扩散浓度

在不同侵蚀龄期,分别检测了0 MPa及0.6 MPa静水压力下混凝土在氯盐耦合硫酸盐的中等腐蚀溶液中的Cl⁻扩散浓度,结果见表3-1-3。

表3-1-3 混凝土中氯离子扩散浓度试验结果

试件编号	侵蚀龄期/d	不同取样深度下水溶性 Cl⁻ 含量/%(以砂浆质量计)				
		0~10 mm	10~20 mm	20~30 mm	30~40 mm	40~50 mm
PC35-0	660	0.289 6	0.037 6	0.031 8	0.021 5	0.009 8
	360	0.237 2	0.031 3	0.026 0	0.017 5	0.008 5
	180	0.214 8	0.028 2	0.009 8	0.005 4	0.005 4
	90	0.067 6	0.007 6	0.007 6	0.003 6	0.003 6
PC35-1	660	0.513 8	0.066 2	0.059 1	0.039 4	0.016 1
	360	0.418 9	0.057 3	0.046 5	0.031 3	0.013 4
	180	0.384 9	0.048 3	0.014 3	0.007 2	0.007 2
	90	0.102 0	0.009 0	0.009 0	0.003 6	0.003 6
GC35-0	660	0.361 6	0.006 7	0.004 9	0.004 5	0.003 6
	360	0.356 3	0.005 4	0.004 5	0.004 5	0.003 6
	180	0.263 6	0.005 4	0.003 6	0.003 6	0.003 6
	90	0.134 3	0.004 5	0.003 6	0.003 6	0.003 6
GC35-1	660	0.698 2	0.006 3	0.005 4	0.005 4	0.003 6
	360	0.696 4	0.005 4	0.005 4	0.005 4	0.003 6
	180	0.517 4	0.005 4	0.003 6	0.003 6	0.003 6
	90	0.261 4	0.003 6	0.003 6	0.003 6	0.003 6
PC50-0	660	0.189 8	0.040 3	0.024 2	0.017 0	0.007 2
	360	0.096 7	0.024 2	0.016 1	0.010 7	0.005 8
	180	0.059 1	0.009 0	0.007 2	0.004 5	0.003 6
	90	0.036 7	0.008 1	0.006 3	0.004 5	0.003 6

试件编号	侵蚀龄期/d	不同取样深度下水溶性 Cl⁻ 含量/%（以砂浆质量计）				
		0～10 mm	10～20 mm	20～30 mm	30～40 mm	40～50 mm
PC50-1	660	0.331 2	0.068 0	0.039 4	0.028 6	0.010 7
	360	0.157 5	0.041 2	0.026 9	0.016 1	0.008 1
	180	0.093 1	0.010 7	0.009 0	0.005 4	0.003 6
	90	0.051 9	0.009 0	0.007 2	0.005 4	0.003 6

在不同侵蚀龄期下，各混凝土中氯离子随扩散深度的变化规律见图 3 - 1 - 2。

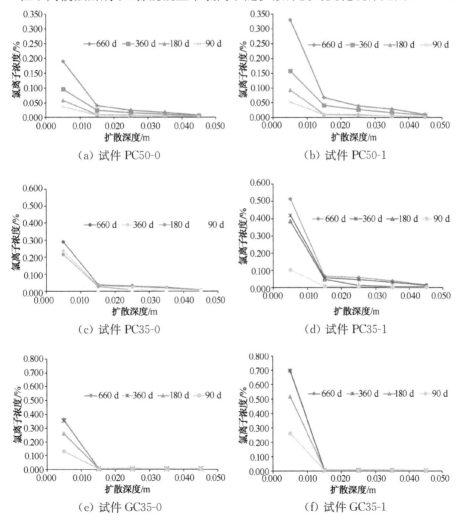

图 3 - 1 - 2 各混凝土在不同侵蚀龄期下氯离子随扩散深度的变化规律

不同侵蚀龄期下,各混凝土在不同扩散深度中的氯离子浓度对比见图 3-1-3。

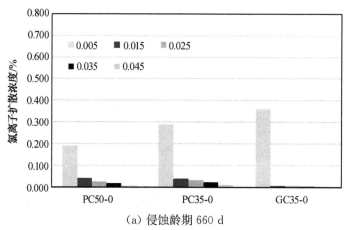

（a）侵蚀龄期 660 d

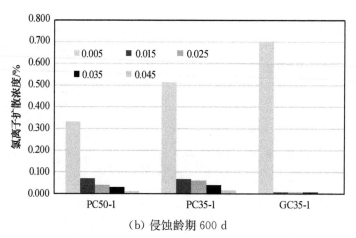

（b）侵蚀龄期 600 d

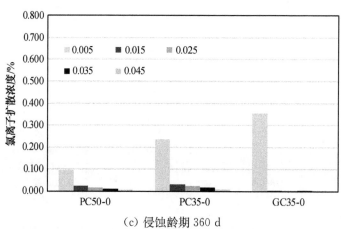

（c）侵蚀龄期 360 d

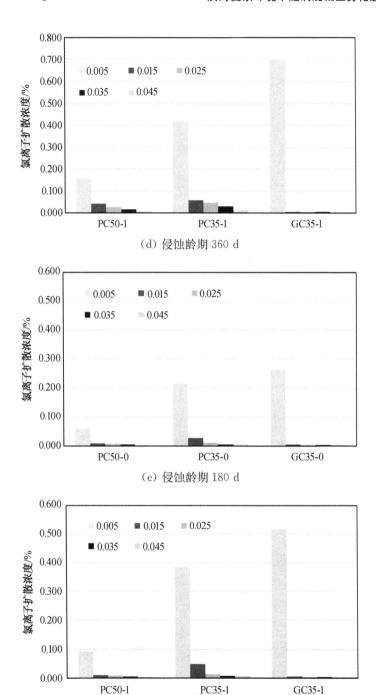

(d) 侵蚀龄期 360 d

(e) 侵蚀龄期 180 d

(f) 侵蚀龄期 180 d

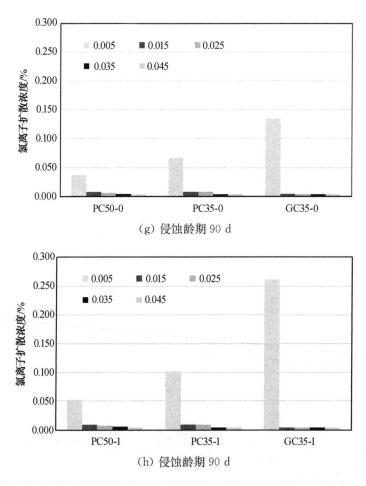

（g）侵蚀龄期 90 d

（h）侵蚀龄期 90 d

图 3-1-3　不同侵蚀龄期下混凝土中氯离子在不同扩散深度中的浓度对比

由表 3-1-3 和图 3-1-2 和图 3-1-3 可知,混凝土中氯离子浓度随扩散深度的增加而逐步下降,随侵蚀龄期的延长而增加。扩散至高耐久混凝土中的氯离子浓度明显低于同强度的普通混凝土,同强度等级的高耐久混凝土与普通混凝土相比,氯离子主要聚集在混凝土表层,浓度相对较高,而混凝土内部的氯离子较少;普通混凝土内部氯离子浓度明显高于高耐久混凝土,即使 C50 的普通混凝土,其内部氯离子浓度也比 C35 的高耐久混凝土高。也就是说,氯离子不易侵蚀进入高耐久混凝土内部。同时从图 3-1-3 中还可以看出,对于同种混凝土而言,承受 0.6 MPa 静水压力的混凝土中氯离子含量要高于相同深度处没承受静水压力的混凝土。

静水压力下氯盐耦合硫酸盐的中等腐蚀试验结果表明,高耐久混凝土的抗氯离子侵蚀性能明显高于同水胶比的普通混凝土;静水压力影响了混凝土中氯离子的传输过程,混凝土在承受 0.6 MPa 静水压力条件下氯离子在混凝土内部的扩散性增强,静水压力加速了氯离子向混凝土内部的传输。

为了明确硫酸盐耦合氯盐的中等腐蚀环境中,硫酸盐对氯离子在混凝土中扩散性能的影响,同时对 C35 混凝土在单一氯盐的中等腐蚀环境中的氯离子扩散性能进行了试验。试验根据《水工混凝土试验规程》(SL/T 352—2020)中"混凝土抗硫酸盐快速试验方法"进行,1 d 一个干湿循环,至一定龄期后检测扩散进混凝土中的氯离子浓度。试验中,100 mm×100 mm×100 mm 的试件除了一个 100 mm×100 mm 的侧面供外界盐离子渗透外,其余 5 个表面均用环氧树脂封住。试验结果见图 3-1-4。图例中的"Ⅰ"代表腐蚀溶液为氯盐溶液,"Ⅱ"代表氯盐耦合硫酸盐腐蚀溶液。

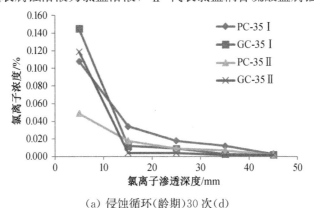

(a) 侵蚀循环(龄期)30 次(d)

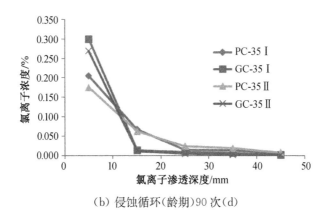

(b) 侵蚀循环(龄期)90 次(d)

图 3-1-4 混凝土中氯离子在不同腐蚀溶液中的扩散规律

图 3-1-4 的试验结果表明,硫酸盐的存在,降低了混凝土中氯离子的侵蚀浓度,特别是在侵蚀早期。随着侵蚀龄期的延长,这种影响逐步降低,硫酸镁的存在对降低混凝土中氯离子的侵蚀浓度变得不再明显。

3. 氯离子扩散系数

由于氯离子在混凝土中的浓度因深度而不同,且随时间而变化,本实验中氯离子在混凝土中的扩散符合菲克第二定律,采用其作为计算模型,氯离子浓度与时间和深度的关系可用式(3-1-1)来表达,即:

$$c(x,t) = c_0 + (c_s - c_0)\left(1 - \mathrm{erf}\frac{x}{2\sqrt{Dt}}\right) \qquad (3-1-1)$$

式中:$c(x,t)$——经过时间 t 后,混凝土中深度 x 处的氯离子浓度;

  c_0——混凝土中初始氯离子含量,取 0.003 6%(由表3-1-3中结果推断);

  c_s——混凝土表层氯离子含量,取 0.70%(由表3-1-3中结果推断);

  D——混凝土中氯离子的扩散系数;

  erf——误差函数。

通过上述公式,采用最小二乘法分别拟合出氯离子的扩散系数,结果见表3-1-4。

表 3-1-4　混凝土氯离子扩散系数

试件编号	RCM 法 氯离子扩散系数 $D/(\times10^{-12}\ \mathrm{m^2 \cdot s^{-1}})$	多因素耦合作用下快速腐蚀耐久性试验实测		
		静水压力 /MPa	侵蚀龄期 /d	氯离子扩散系数 $D/(\times10^{-12}\ \mathrm{m^2 \cdot s^{-1}})$
PC35	10.5	0	90	5.311
		0.6		7.478
		0	180	4.105
		0.6		5.221
		0	360	2.857
		0.6		3.267
		0	660	2.080
		0.6		2.668
GC35	2.0	0	90	2.802
		0.6		3.232
		0	180	2.168
		0.6		1.856
		0	360	1.362
		0.6		1.334
		0	660	1.014
		0.6		1.084

续表

试件编号	RCM 法	多因素耦合作用下快速腐蚀耐久性试验实测		
	氯离子扩散系数 $D/(\times 10^{-12}$ m$^2 \cdot$ s$^{-1})$	静水压力 /MPa	侵蚀龄期 /d	氯离子扩散系数 $D/(\times 10^{-12}$ m$^2 \cdot$ s$^{-1})$
PC50	3.3	0	90	3.420
		0.6		3.648
		0	180	2.350
		0.6		2.781
		0	360	1.819
		0.6		1.785
		0	660	1.189
		0.6		1.107

静水压力及侵蚀龄期对混凝土中氯离子扩散系数的影响分别见图 3-1-5 和图 3-1-6。

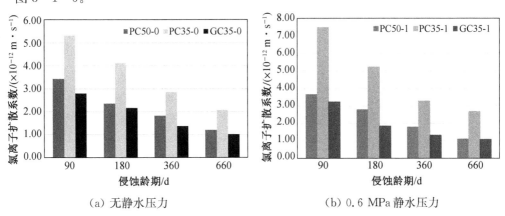

（a）无静水压力   （b）0.6 MPa 静水压力

图 3-1-5　混凝土在不同侵蚀龄期下的氯离子扩散系数

由表 3-1-4 和图 3-1-5 的试验结果可知，同侵蚀龄期下高耐久混凝土的氯离子扩散系数显著低于同强度等级下的普通混凝土，即便是 C35 强度等级的高耐久混凝土，其同侵蚀龄期下的氯离子扩散系数也比 C50 强度等级的普通混凝土要小，显示了高耐久混凝土优异的抗氯盐侵蚀性能。对于普通混凝土而言，随着混凝土强度的提高，普通钢筋混凝土抗氯盐侵蚀性能明显提高；在相同的强度等级下，高耐久钢筋混凝土的抗氯盐侵蚀性能较普通混凝土显著提升。

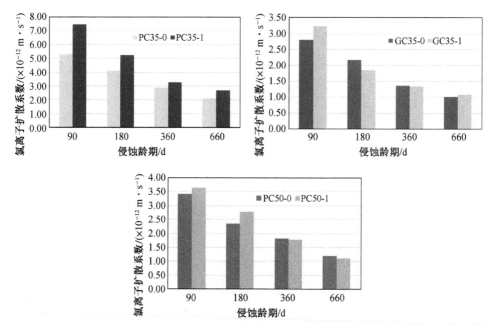

图 3-1-6 静水压力对混凝土氯离子扩散系数的影响对比

由图 3-1-5 和图 3-1-6 可知,混凝土中氯离子扩散系数随侵蚀龄期而衰减。根据表 3-1-4 中混凝土在不同侵蚀龄期的氯离子扩散系数,拟合了氯离子扩散系数随侵蚀龄期的变化曲线,结果见图 3-1-7。氯离子扩散系数随侵蚀龄期变化的衰减系数拟合值见表 3-1-5。

由图 3-1-7 和表 3-1-5 可知,氯离子扩散系数随着侵蚀龄期呈指数衰减规律,且拟合度高,拟合函数表达式为:

$$D(t) = D_i \left(\frac{t_i}{t} \right)^n \tag{3-1-2}$$

式中:D_i——侵蚀龄期 t_i 后测得的扩散系数;

n——扩散系数的衰减系数。

从表 3-1-5 中衰减系数的拟合结果可以看出,高耐久混凝土氯离子扩散系数随龄期而减小的衰减系数比普通混凝土高。这一结果表明,随着龄期的延长,高耐久混凝土将比普通混凝土表现出更为优越的抗氯离子侵蚀性能。

静水压力导致了同侵蚀龄期混凝土氯离子扩散系数的增加,静水压力对氯离子扩散系数的影响在侵蚀前期表现得更为明显,随着侵蚀时间的延长,静水压力下的氯离子扩散系数的衰减系数比无压力下的大,表明静水压力对混凝土氯离子扩散系数的影响程度随着侵蚀龄期的延长而降低。

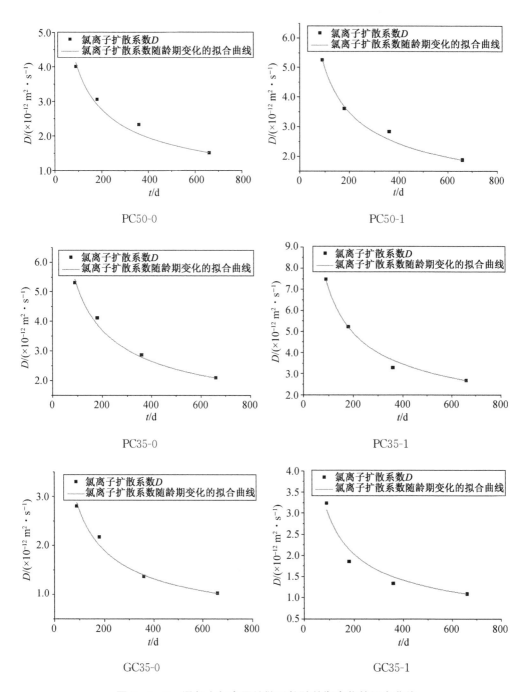

图 3-1-7 混凝土氯离子扩散系数随龄期变化的拟合曲线

表 3-1-5　氯离子扩散系数的衰减系数拟合结果

试件	衰减系数拟合值 n	拟合度 R^2
PC50-0	0.503	0.991 9
PC50-1	0.522	0.975 7
PC35-0	0.481	0.989 1
PC35-1	0.514	0.989 8
GC35-0	0.523	0.982 4
GC35-1	0.524	0.953 3

3.1.3　静水压和硫酸盐、氯盐耦合作用下钢筋混凝土劣化机理分析

1. 静水压和硫酸盐、氯盐耦合作用下 Cl⁻ 在混凝土中的传输机制

从上节静水压和硫酸盐、氯盐多因素耦合作用下钢筋混凝土劣化规律结果可知,氯离子向钢筋混凝土的传输机制,主要包括渗透和扩散两种机制。

(1)渗透机制

当混凝土表面存在静水压力,而溶液中存在离子时,由于压力梯度,溶液会渗透进混凝土中。对于混凝土中水渗透模型,目前主要有传统的线性达西(Darcy)模型和带有启动压力梯度的非线性达西(Darcy)模型两种,分别为式(3-1-3)和式(3-1-4)[3]所示:

$$v = -k\nabla p/\mu \qquad (3-1-3)$$

$$\begin{cases} v = -k\nabla p(1-\lambda/|\nabla p|)/\mu, & |\nabla p| > \lambda, \\ v = 0, & |\nabla p| \leqslant \lambda \end{cases} \qquad (3-1-4)$$

式中:v——渗流速度,m/s;

k——绝对渗透系数,m^2/s;

μ——黏度,Pa·s;

∇p——压力梯度,Pa/m;

λ——启动压力梯度,Pa/m。

线性达西(Darcy)模型是非线性达西(Darcy)模型的一个特例(当 $\lambda=0$ 时)。

钱春香等[4]通过试验作出了水在混凝土内的渗流曲线并分析了水在混凝土中的渗流规律,其结果表明:水在混凝土内的渗流并不满足线性达西定律,而是存在明显的启动压力梯度。同时,由于启动压力梯度的存在,水在渗透过程中存在一个渗透平衡深度,而渗透达到平衡的时间受水压、渗透系数、启动压力梯度等因素影响。她考

察了不同水压下,水在混凝土中的渗透深度与时间的关系,如图3-1-8所示。

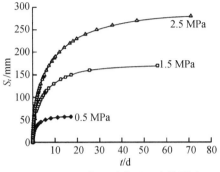

图3-1-8 水压对渗透深度的影响

由图3-1-8可知,随着水压的升高,水的渗透平衡深度逐渐增大,但同时达到平衡所需要的时间也变长。

马莉等[5]基于流体渗流原理,利用弹性力学理论,对以水压力为主要驱动力的孔隙初期渗水进行了力学计算分析,把孔隙形状假定为圆柱形,考虑渗水对孔隙内部空气压缩的影响,推导出了渗水深度计算公式。依据此理论计算方法,对影响渗透深度的孔隙半径、长度、渗水时间、温度、外界压力等参数进行了敏感性分析。结果表明,孔隙半径决定渗水速率,孔隙长度决定总的渗水深度;随着渗水时间的推移,渗水深度逐渐增大,并最终趋于稳定,且孔径越小,达到稳定所需要的时间越长。其假设封闭孔隙长度为100 mm,孔隙半径分别为50 nm、300 nm,外界压力下孔隙不破坏,渗水时间从2 h变化到12 h,计算得到不同渗水时间的孔隙渗水深度变化规律,如图3-1-9所示。

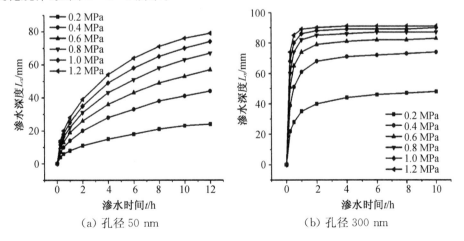

(a) 孔径50 nm

(b) 孔径300 nm

图3-1-9 渗水深度随渗水时间的变化规律

从图 3 - 1 - 9 中可以看出，当孔径为 50 nm 时，渗水深度随时间的变化平缓，渗水时间 8 h 后的渗水深度仍在增大，变化率在 8% 左右；当渗水时间 10 h 后，变化率仅为 3.9%；当孔径为 300 nm 时，1 h 内渗水深度随时间变化较大，渗水 2 h 后，渗水深度基本保持不变。孔径越小，达到同一渗水深度所需要的时间越长。

从以上水在混凝土中的渗透规律分析可知，在一定的静水压力条件下，不同的混凝土将很快达到各自的稳定的平衡渗水高度，达到稳定平衡渗水高度的时间随混凝土的孔结构而不同。因此，氯离子依据渗透机制传输进入混凝土中的深度即混凝土在相应静水压力下的渗水高度，渗透时间相对于混凝土抗钢筋锈蚀耐久寿命而言可以忽略不计。但其对混凝土抗钢筋锈蚀耐久寿命的影响相当于降低了混凝土有效保护层厚度。

（2）扩散机制

扩散作用是自由分子或离子在浓度差驱动下从高浓度区向低浓度区的迁移过程。当饱和的混凝土一面暴露于氯盐溶液中时，混凝土表面与混凝土内部的孔隙溶液之间就会产生浓度梯度，氯离子开始向混凝土内部扩散。而表面浓度与孔隙溶液之间的浓度梯度就是扩散的驱动力。对于处于水饱和的隧洞混凝土，其内部离子的传输不受水分迁移和毛细吸力的影响，氯离子是以纯扩散的形式在混凝土中传输。

腐蚀溶液中的氯离子由于浓度差，从混凝土试件与腐蚀溶液的接触面开始向混凝土内部扩散，氯离子透过混凝土试件并达到稳定传输之前的阶段称为非稳态扩散。对于非稳态自然扩散，氯离子的扩散规律符合菲克第二定律。因此可根据菲克第二定律用氯离子扩散系数表征混凝土抗氯离子扩散性能，并以此模型评估混凝土抗钢筋锈蚀耐久性。

2. 隧洞高耐久混凝土抗氯盐侵蚀改善机理

本节通过测试研究隧洞高耐久混凝土孔结构特征参数，对隧洞高耐久混凝土综合性能的改善机理进行了分析。

（1）混凝土孔结构特征

孔结构是表征混凝土性能的重要内在特征之一，其存在于硬化胶凝材料、骨料及硬化胶凝材料与骨料的界面上，对混凝土的宏观性能有很大的影响。混凝土的孔结构包括气泡、毛细孔和结晶孔（结晶程度低的 C—S—H 颗粒），制作工艺、养护条件和环境参数等对混凝土孔结构也有较大的影响[6]。压汞法（Mercury Intrusion Porosimetry，MIP）是测量水泥基材孔结构特征的一种常用方法，可用于分析多种因素对混凝土孔结构的影响。

采用 Quantachrome 公司生产的 poromasterGT-60 压汞仪对混凝土中的砂浆进行孔结构测定。其中,低压范围 1.5～350 kPa,高压范围 140～420 MPa,可测量直径在 0.003 5～400 μm 范围内变化的孔容。试验结果的代表参数包括总孔隙率、最可几孔径、临界孔径、平均孔径等。

最可几孔径(出现概率最大的孔径)即微分孔径分布曲线峰值所对应的孔径。对于大多数混凝土而言,硬化后的混凝土是以毛细孔为主要孔隙的多孔体系。一般情况下,随着混凝土内部孔隙率的降低,大毛细孔数量减少,微毛细孔数量增多,混凝土的最可几孔径尺寸减小。混凝土内部最可几孔径尺寸的大小,代表了混凝土孔隙率和孔径分布的主要特点,也直接影响混凝土的强度和耐久性[7]。

临界孔径即压入汞的体积明显增加时所对应的最大孔径。其理论基础为,材料由不同尺寸的空隙组成,较大孔隙之间由较小孔隙连通,临界孔径是指能够将较大的孔隙连通起来的各孔的最大孔级[8]。孔径凡是大于临界孔径的孔均互不相通,而孔径等于或小于临界孔径的孔则是相通的。显然,水泥基材孔网络中,临界孔径越小,孔结构网络的连通性越弱,对抗渗性和耐久性越好。

平均孔径则表征了孔结构的总体情况。平均孔径有多种计算方法,本书采用的是压入汞的 50%体积所对应的孔径。平均孔径和氯离子快速渗透系数之间的相关性较强,氯离子快速渗透系数随着平均孔径的增加而增加,与混凝土的渗透性能密切相关[9]。

通常,将混凝土的孔径大小分为:大孔(孔径＞10^3 nm)、大毛细孔(孔径10^2～10^3 nm)、微毛细孔(也称过渡孔,孔径 10～100 nm)、凝胶孔(孔径＜10 nm)。如图 3-1-10 所示为孔径的分类图[6,10]。

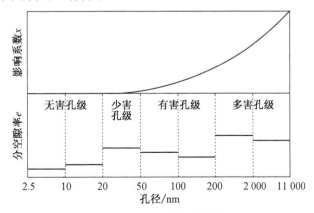

图 3-1-10 孔径分类图

吴中伟将孔隙按孔径大小分为四级：无害孔（孔径＜20 nm）、少害孔（孔径 20~50 nm）、有害孔（孔径 50~200 nm）和多害孔（孔径＞200 nm），并提出分孔隙率及其影响系数的概念[11]。图 3-1-11 表明了孔分级、分空隙率和影响系数的关系[12]。

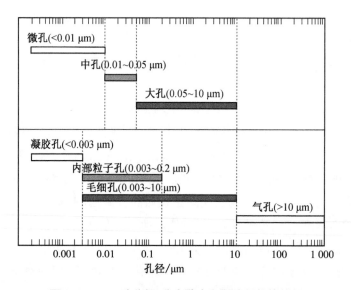

图 3-1-11　孔分级、分空隙率和影响系数的关系

对同强度等级的普通混凝土和高耐久混凝土进行压汞试验，得到的混凝土试件的微分孔径分布曲线见图 3-1-12，混凝土的各项孔结构参数结果见表 3-1-6。

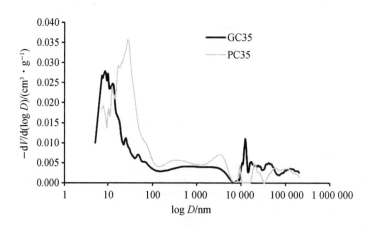

图 3-1-12　混凝土微分孔径分布曲线

表 3 - 1 - 6　　混凝土孔结构特征参数

试件	最可几孔径/nm	临界孔径/nm	平均孔径/nm	总孔隙率/%
PC35	27.3	41.8	28.7	8.0
GC35	8.4	25.7	24.4	5.9

由图 3 - 1 - 12 和表 3 - 1 - 6 的测试结果可知,高耐久混凝土的孔结构的各项特征参数均比普通混凝土要小,特别是最可几孔径和临界孔径比普通混凝土显著降低。这表明高耐久混凝土中的大毛细孔数减少,微毛细孔增多,且孔隙间的连通性减弱,高耐久混凝土的孔结构比普通混凝土明显进行了优化。

(2)高耐久混凝土抗氯离子性能改善机理

混凝土中的氯离子以 3 种方式存在[13-14]:第 1 种是 Cl^- 与水泥中 C_3A 的水化产物水化铝酸钙反应生成低溶性的单氯铝酸钙 $3CaO \cdot Al_2O_3 \cdot CaCl_2 \cdot 10H_2O$,即 Friedel 盐,称为化学结合 Cl^-;第 2 种是 Cl^- 被吸附到水泥胶凝材料的水化产物中,即被水泥水化产物内比表面吸收,称为物理吸附 Cl^-;第 3 种是 Cl^- 以游离的形式存在于混凝土的孔溶液里,称为游离 Cl^-。混凝土对 Cl^- 的化学结合与物理吸附的能力统称为混凝土对 Cl^- 的结合能力。一般认为只有以游离形式存在的氯离子,才会对钢筋造成腐蚀。因此,混凝土结合氯离子的能力对混凝土抗氯离子侵蚀具有重要意义。

大掺量磨细矿渣和粉煤灰等矿物掺合料的掺入能改善混凝土内部的微观结构和水化产物的组成,降低了混凝土的最可几孔径、临界孔径、孔隙率等孔结构参数,使混凝土孔径优化,从而提高了混凝土对氯离子传输的扩散阻力。同时,由于矿物掺合料的火山灰效应,减少了粗晶体颗粒的水化产物 $Ca(OH)_2$ 的数量及其在水泥石—集料界面过渡区的聚集与定向排列,优化了界面结构,并生成强度更高、稳定性更优、数量更多的低碱度 C—S—H 凝胶,增强了结合氯离子的能力。同时,掺合料微粉的密实填充作用会使水泥石结构和界面结构更加致密。矿物掺合料提高了混凝土对氯离子的物理吸附和化学结合能力,即固化能力。水泥石孔结构的细化使其对氯离子的物理吸附能力增强;二次水化反应生成的碱性较低的 C—S—H 凝胶也增强了结合氯离子的能力;掺合料中较高含量的无定型 Al_2O_3 与 Cl^-、$Ca(OH)_2$ 生成 Friedel 盐,这些均有利于降低氯离子在混凝土中的含量和扩散速度,使得混凝土内部氯离子浓度降低,提高了高耐久混凝土的抗氯离子扩散性能。

3.2　拉应力和硫酸盐、侵蚀性 CO_2 耦合作用下混凝土劣化规律

珠江三角洲水资源配置工程初步地质勘查报告显示,工程沿线环境水及土壤

对混凝土引起腐蚀的介质较多,部分地区以水溶性二氧化碳及碳酸氢根腐蚀为主,也有部分地区以腐蚀性盐腐蚀为主,如硫酸镁介质。同时,输水隧洞还要承受高内水压以及高内压、高外压同时作用。隧洞混凝土在如此复杂的环境下,为确保该工程的百年耐久性,本节通过采用室内模拟试验,结合现场环境调研,研究了拉应力状态下隧洞混凝土在硫酸盐、侵蚀性 CO_2 耦合作用下的性能劣化规律。

3.2.1　试验设计

工程初步地质勘查报告明确部分地区地下水处于中等腐蚀环境中,根据《水利水电工程地质勘查规范》(GB 50487—2008)所规定的中等腐蚀环境中 SO_4^{2-} 及侵蚀性 CO_2 浓度,配制了试验腐蚀溶液,其中硫酸镁($MgSO_4$)浓度 0.65 g/L(其中 SO_4^{2-} 浓度 500 mg/L),侵蚀性 CO_2 浓度 60 mg/L。

试验采用的试件尺寸为 100 mm×100 mm×300 mm,需加载拉应力的试件在试件两端埋设拉杆。混凝土试件养护到 28 d 龄期后,把试件置于刚性应力试验架上加载拉应力,拉应力试验架自行研制,其示意图见图 3-2-1。通过拉力试验机让试件承受 40% 的极限拉应力,紧固试件于应力试验架上,使试件持续承载 40% 的极限拉应力。然后把试件连同试验架置于腐蚀溶液中在自动干湿循环试验箱中进行干湿循环,不承载拉应力的试件直接置于腐蚀溶液中在自动干湿循环试验箱中进行干湿循环,试件及干湿循环试验箱见图 3-2-2。干湿循环机制为在 20 ℃腐蚀溶液中浸泡 15 h,然后在 20 ℃下风干 9 d,从开始浸泡在腐蚀溶液中至风干完毕,历时 24 h,即 1 d 一次干湿循环。

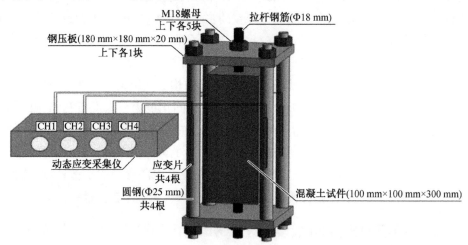

图 3-2-1　用于承受应力—化学腐蚀耦合作用的混凝土试验架示意图

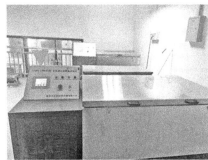

（a）试件　　　　　　　　　　　（b）干湿循环试验箱

图 3-2-2　试件及干湿循环试验箱

到相应的试验龄期,测试混凝土的强度,干湿循环试件与标准养护试件抗压强度之比即为耐蚀系数。

3.2.2　试验结果

1. 强度耐蚀系数

混凝土在不同拉应力下的腐蚀循环试验结果见表 3-2-1。表中试件编号中的字母"P"表示普通混凝土,"G"表示高耐久混凝土,"C35"表示混凝土强度等级,"0"表示该试件不承受拉应力,"1"表示该试件承受了 40% 的极限拉应力,"S"表示腐蚀溶液为硫酸盐,"SC"表示腐蚀溶液为硫酸盐耦合侵蚀性 CO_2。

表 3-2-1　不同侵蚀龄期下混凝土耐蚀系数　　　　单位:%

试件	侵蚀龄期				
	0 d	60 d	120 d	240 d	360 d
PC35-0-S	1.00	1.02	1.03	1.15	1.14
PC35-0-SC	1.00	0.96	1.13	1.15	1.19
PC35-1-S	1.00	1.21	1.19	0.96	0.82
PC35-1-SC	1.00	1.06	1.21	1.11	1.07
GC35-0-S	1.00	1.06	1.10	1.16	0.99
GC35-0-SC	1.00	0.87	1.24	1.14	1.12
GC35-1-S	1.00	1.14	1.15	1.01	0.98
GC35-1-SC	1.00	0.80	1.10	1.11	1.10

混凝土在不同腐蚀溶液中的耐蚀系数随侵蚀龄期的变化规律见图3-2-3。

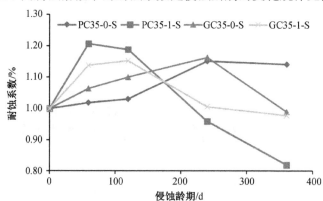

（a）腐蚀溶液为MgSO₄溶液

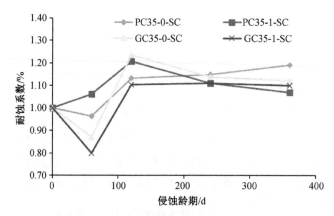

（b）腐蚀溶液为MgSO₄耦合侵蚀性CO₂溶液

图3-2-3　混凝土在不同腐蚀溶液中的耐蚀系数随侵蚀龄期的变化规律

由表3-2-1和图3-2-3的试验结果可知,在硫酸盐的中等腐蚀环境中,在侵蚀前期混凝土的抗压强度性能是增强的,随着侵蚀龄期的延长,抗压强度明显下降。虽然高耐久混凝土在前期的增强阶段性能增加不如普通混凝土明显,但在后期的性能下降阶段,其劣化速率却比普通混凝土小,表明高耐久混凝土抗硫酸盐侵蚀耐久性比普通混凝土优秀。拉应力加速了硫酸盐对混凝土的侵蚀速率。

对比图3-2-3(a)和(b)可知,在硫酸盐耦合侵蚀性CO_2的中等腐蚀环境中,混凝土性能劣化速率主要受侵蚀性CO_2的影响,其性能劣化规律表现为侵蚀前期强度下降,随着侵蚀龄期的延长强度又上升,随后又缓慢下降的过程。混凝土的侵蚀性CO_2的存在降低了硫酸盐对混凝土的侵蚀速率,而SO_4^{2-}等离子的存在增强了侵蚀性CO_2对混凝土的侵蚀。拉应力同样加速了硫酸盐耦合侵蚀性CO_2对混凝土的侵蚀速率。高耐久混凝土在侵蚀前期强度下降程度比普通混凝土大，但随着侵蚀龄期的延长，高耐久混凝土在后期的破坏速度比普通混凝土慢。

2. 碳化深度

将混凝土在拉应力下硫酸盐耦合侵蚀性CO_2条件下侵蚀龄期为360 d的试件沿离子侵入方向垂直劈开，喷洒酒精酚酞溶液，观察混凝土的碳化层深度，结果见图3-2-4。

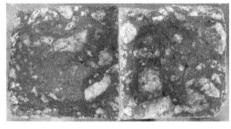

（a）GC35　　　　　　　　　　　　　（b）PC35

图3-2-4　拉应力下硫酸盐耦合侵蚀性CO_2条件下混凝土中的碳化情况

由图3-2-4可以看出，混凝土表层存在一层薄的碳化层，且高耐久混凝土的碳化层厚度比普通混凝土厚。由于高耐久混凝土中高掺量掺合料的二次水化作用降低了混凝土中$Ca(OH)_2$的含量，水泥石碱度的降低使得侵蚀性CO_2对高耐久混凝土前期性能的劣化程度高于普通混凝土，生成的碳化产物层厚度也比普通混凝土高。但侵蚀性CO_2对混凝土进一步的破坏则主要受到OH^-向混凝土表面扩散速度的影响，高耐久混凝土的低碱度以及相对较厚的致密碳化层将导致在后期的破坏速度反而比普通混凝土慢。

3.2.3　拉应力和硫酸盐、侵蚀性CO_2耦合作用下混凝土劣化机理分析

对拉应力和硫酸盐、侵蚀性CO_2多因素耦合作用下的混凝土进行取样分析，通过孔结构和微观形貌解析了拉应力和硫酸盐、侵蚀性CO_2多因素耦合作用下混凝土性能劣化机理。

1. MIP分析

通过压汞试验分析了拉应力对混凝土受侵蚀后的孔结构的影响。压汞试验结果分别见图3-2-5～图3-2-8。混凝土的孔结构特征参数结果见表3-2-2～表3-2-3。

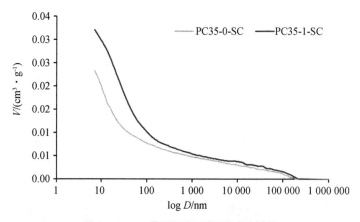

图 3－2－5　普通混凝土压汞试验结果

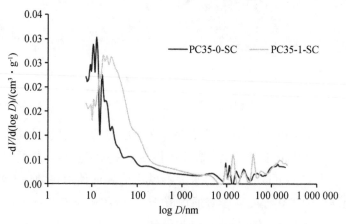

图 3－2－6　普通混凝土微分孔径分布曲线

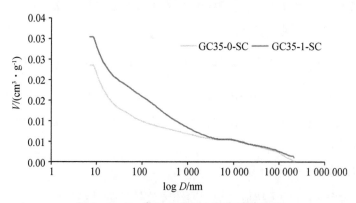

图 3－2－7　高耐久混凝土压汞试验结果

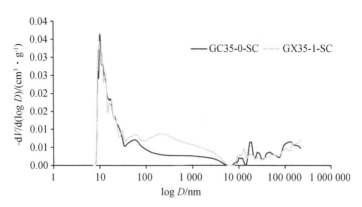

图 3-2-8　高耐久混凝土微分孔径分布曲线

表 3-2-2　拉应力耦合硫酸盐侵蚀后混凝土孔结构特征

试件	最可几孔径/nm	临界孔径/nm	平均孔径/nm	总孔隙率/%
PC35	27.3	41.8	28.7	8.0
GX35	8.4	25.7	24.4	5.9
PC35-0-S	35.4	82.3	33.9	8.2
GX35-0-S	14.0	52.6	27.7	5.4
PC35-1-S	48.6	101.4	41.2	9.5
GX35-1-S	26.1	89.8	27.3	6.7

表 3-2-3　拉应力耦合硫酸盐、侵蚀性 CO_2 侵蚀后混凝土孔结构特征

试件	最可几孔径/nm	临界孔径/nm	平均孔径/nm	总孔隙率/%
PC35	27.3	41.8	28.7	8.0
GX35	8.4	25.7	24.4	5.9
PC35-0-SC	32.4	48.5	32.4	6.3
GX35-0-SC	9.8	34.9	26.6	5.6
PC35-1-SC	40.2	100.5	34.6	7.5
GX35-1-SC	10.1	80.3	28.9	6.8

　　由图 3-2-5～图 3-2-8 中的在拉应力耦合侵蚀性离子对混凝土侵蚀后的孔结构测试结果以及表 3-2-2 和表 3-2-3 中的混凝土孔结构特征结构参数结果可知,由于侵蚀产物的填充密实作用,混凝土受侵蚀后的孔隙率变化不明显,甚至减小,但孔结构发生明显劣化,孔结构各项参数均比无侵蚀混凝土增加。受硫酸

盐侵蚀的混凝土孔结构比受硫酸盐耦合侵蚀性 CO_2 侵蚀的混凝土的孔结构劣化得更严重。

高耐久混凝土无论是受侵蚀前还是受侵蚀后,其孔结构均比普通混凝土更好;而拉应力劣化了混凝土孔结构,尤其是增大了混凝土的临界孔径,增强了混凝土孔隙的连通性,从而导致混凝土抗腐蚀离子的侵蚀性能下降。

2. SEM 分析

分别对混凝土侵蚀后的产物形貌进行了扫描电镜和能谱分析。混凝土分别受硫酸盐和硫酸盐耦合侵蚀性 CO_2 侵蚀后的侵蚀产物及其形貌见图 3-2-9 和图 3-2-10。

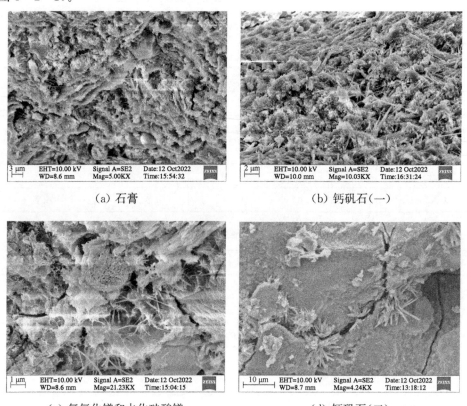

(a) 石膏   (b) 钙矾石(一)

(c) 氢氧化镁和水化硅酸镁   (d) 钙矾石(二)

图 3-2-9　混凝土受硫酸盐侵蚀后的产物形貌

由图 3-2-9 可以看出,硫酸镁盐在混凝土中的侵蚀产物主要为石膏、钙矾石、氢氧化镁和水化硅酸镁(M—S—H),侵蚀产物及物理结晶析出的盐填充了混凝土的内部孔隙,前期起到密实增强的作用,后期随着侵蚀产物的增加,混凝土孔

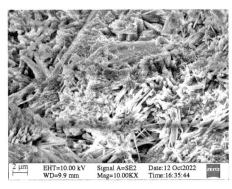 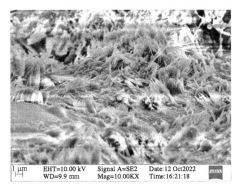

(a) 水化铝碳酸钙　　　　　　　　　　　　(b) 碳酸钙

图 3 - 2 - 10　混凝土受硫酸盐耦合侵蚀性 CO_2 溶液侵蚀后的产物形貌

隙内应力逐渐增大,同时侵蚀产物沿孔隙沉积并使裂隙扩展延伸,导致性能逐步劣化。

由图 3 - 2 - 10 可以看出,混凝土受硫酸盐耦合侵蚀性 CO_2 溶液侵蚀后的产物主要有水化铝碳酸钙和碳酸钙,这些致密碳化层的生成降低了硫酸盐向混凝土内部侵入的速率。

3. 拉应力耦合硫酸盐、侵蚀性 CO_2 侵蚀机理综合分析

(1) 硫酸盐侵蚀机理分析

混凝土在盐溶液中的干湿循环,是一个复杂的物理化学过程。既有化学腐蚀又有物理结晶破坏,反映的是严酷的盐腐蚀环境条件下的结果。混凝土经受干湿循环作用下的硫酸盐侵蚀时,湿状态下受到膨胀性侵蚀产物的作用,干状态下又叠加盐结晶压力的损伤,干湿循环使得这些损伤反复进行并不断累积。

在含有硫酸镁的腐蚀溶液中,侵蚀离子在水泥石中首先发生如下的反应:

$$Ca(OH)_2 + MgSO_4 + 2H_2O = CaSO_4 \cdot 2H_2O + Mg(OH)_2$$

水泥石内部形成二水石膏时,体积将增大 1.24 倍,将使水泥石因内应力过大而受到破坏。同时,由于镁离子和钙离子具有相同的化合价和几乎相同的半径,因此 $MgSO_4$ 很容易与 C—S—H 发生反应,生成石膏,氢氧化镁和硅胶(SH),这种胶体较 C—S—H 胶体的黏结性小,随着 C—S—H 胶体中石灰的析出和胶结性的降低,胶体中的石膏和 $Mg(OH)_2$ 将不断地增加;随着 $Mg(OH)_2$ 的增加将发生硅胶与 $Mg(OH)_2$ 反应,生成没有胶结力的水化硅酸镁(M—S—H)[15]。

另一方面,当硫酸盐与水泥石中的 $Ca(OH)_2$ 作用生成硫酸钙,硫酸钙可再与水泥石中的固态水化铝酸钙反应生成三硫型水化硫铝酸钙($3CaO \cdot Al_2O_3 \cdot$

$3CaSO_4 \cdot 32H_2O$,简式 AFt,又称钙矾石),其反应方程式为：

$$3(CaSO_4 \cdot 2H_2O) + 4CaO \cdot Al_2O_3 \cdot 12H_2O + 15H_2O =\!=\!=$$
$$3CaO \cdot Al_2O_3 \cdot 3CaSO_4 \cdot 32H_2O + Ca(OH)_2$$

钙矾石是溶解度极小的盐类矿物,在化学结构上结合了大量的结晶水(实际上的结晶水为 30～32 个),其体积约为原水化铝酸钙的 2.5 倍,使固相体积显著增大,致使混凝土结构物受到膨胀破坏。

因此,混凝土中硫酸盐的侵蚀大致分为 2 个阶段。在第 1 阶段,生成的石膏和 $Mg(OH)_2$ 以及钙矾石填充了混凝土内部的孔隙,虽然会产生一定的膨胀内应力,但不足以产生膨胀裂缝;相反在某种程度上起到填充作用,使得混凝土密实度提高、强度增大[16];另外,形成的腐蚀产物易于阻塞表面孔隙通道,最终导致离子穿过表层向混凝土内部侵入的能力显著衰减[17]。在第 2 阶段,混凝土中没有更多的孔隙容纳这些生成物,于是持续生成的石膏、钙矾石或 $Mg(OH)_2$ 会在混凝土内部形成很大的内应力。此外,由于干湿循环作用,混凝土内部还将形成极大的物理结晶压力,加之没有胶结力的水化硅酸镁(M—S—H)的生成,混凝土性能逐步劣化。一旦强度性能开始下降,混凝土在硫酸镁溶液中的腐蚀速率比在氯化钠加硫酸镁的混合溶液中要快,有研究认为这是石膏及钙矾石在氯化物中有较大的溶解度所导致的[18]。

与普通强度混凝土相比,由于大掺量矿物掺合料的高耐久混凝土水化反应与微集料填充效应的协同作用使基体孔隙率降低,界面过渡区处浆体结构更加致密,抑制了 $Ca(OH)_2$ 在界面过渡区的集中生成,从而极大地阻碍了石膏型和钙矾石型侵蚀反应的发生。高耐久混凝土孔隙结构得到优化,使得湿状态下 Mg^{2+}、SO_4^{2-} 和 Cl^- 传输受阻,干状态下由于孔隙通道的连通性差使得盐结晶条件往往难以形成,导致混凝土受侵层厚度降低,表现在初始的填充增强阶段,强度增加不如普通混凝土明显,而在后期的腐蚀劣化阶段,其劣化速率也较普通混凝土要慢,抗腐蚀性能明显提高。

(2) 侵蚀性 CO_2 侵蚀机理分析

水中 CO_2 分解有两个阶段:

$$H_2CO_3 =\!=\!= H^+ + HCO_3^-$$
$$HCO_3^- =\!=\!= H^+ + CO_3^{2-}$$
$$H_2CO_3 =\!=\!= H^+ + HCO_3^- =\!=\!= 2H^+ + CO_3^{2-}$$

H^+ 离子数量的增加破坏了上述平衡,在 H^+ 离子的还原作用下,HCO_3^- 转变

为 H_2CO_3，CO_3^{2-} 转变为 HCO_3^-。相反，H^+ 离子数量的减少则使 H_2CO_3 生成 HCO_3^- 和 CO_3^{2-}。

在隧洞混凝土所处的静水条件下，侵蚀性 CO_2 首先与混凝土表层的 $Ca(OH)_2$ 反应生成碳酸钙沉淀，随着表层 $Ca(OH)_2$ 的耗尽，开始与碳酸钙反应生成水溶性碳酸氢钙，从而导致混凝土性能劣化。当水中的碳酸和 H^+、HCO_3^-、CO_3^{2-} 等离子达到平衡后，一部分侵蚀性碳酸则以平衡碳酸的形式保留下来，此时的溶液改变为对混凝土无侵蚀性。当氢氧化钙从混凝土的深层扩散至表面时，将改变已建立的平衡，继续生成碳酸钙沉淀和溶解出碳酸氢钙，直至达到新的平衡。由于侵蚀性碳酸与碳酸钙之间的反应进行得很快，而 $Ca(OH)_2$ 的扩散却很慢，当前期碳酸盐的外部薄层被部分破坏之后，进一步的破坏则主要受到 OH^- 离子向混凝土表面扩散速度的影响。高耐久混凝土由于掺合料的二次水化作用，一方面混凝土内部 OH^- 离子浓度比普通混凝土低，另一方面孔结构得到细化，因此其 $Ca(OH)_2$ 的扩散速度比普通混凝土要慢，这也是高耐久混凝土在后期的破坏速度比普通混凝土减小的原因所在。

地下水中除了含碳酸盐以外，重碳酸盐、硫酸盐等都是地下水中经常含有的盐类，由于它们的存在，将使碳酸的平衡系统发生变化。

当地下水为其他盐类所饱和时，碳酸平衡系统变得较为复杂，溶液中不仅有碳酸钙的解离，同时还存在其他电解质的解离，由于溶液中离子数的增加，它们之间的彼此相互吸引力也将增强，相应地降低了离子的活度，使化学平衡不能简单地服从质量作用定律。

可近似地用下列公式来计算平衡碳酸量：

$$平衡[CO_2] = 2.17 \times 10^{-2} \cdot f \cdot [HCO_3^-]^2 \cdot [Ca^{2+}]$$

$$f = \sum cv^2$$

式中：$[CO_2]$、$[HCO_3^-]^2$ 和 $[Ca^{2+}]$——该离子的浓度，mmol/L；

f——重碳酸钙的平均活度系数，是溶液离子强度的函数，其值用 $f = \sum cv^2$ 来计算，其中 c 表示离子的浓度，以 mol/L 表示；v 是该离子的化合价，即各离子浓度与化合价平方的乘积之和。

侵蚀性 CO_2 生成的碳酸钙沉淀因其密实性降低了硫酸盐向混凝土内部侵入的速率，而硫酸盐的存在使溶液中离子数增加，它们之间的彼此相互吸引力也将增强，相应地降低了离子的活度。随着离子强度的增大，活性系数降低，碳酸盐的平衡状态受到破坏。为了保持平衡，侵蚀性碳酸的数量开始增多，同时碳酸氢盐和碳酸盐的溶解度也增大，因此硫酸盐增强了侵蚀性 CO_2 对混凝土的侵蚀。

3.3 本章小结

(1) 根据室内模拟腐蚀试验结果,明确了中等腐蚀环境中静水压耦合硫酸盐、氯盐条件下的隧洞钢筋混凝土性能劣化进程规律。静水压力加速了氯离子向混凝土内部的传输。随着静水压力的增加,混凝土中的溶液渗透高度随之增加;在一定的静水压力条件下,混凝土中的溶液渗透高度并不随着侵蚀龄期的延长而增加,不同的混凝土将很快达到各自的稳定的平衡渗透高度。静水压力增加了同侵蚀龄期混凝土的氯离子扩散系数,静水压力对氯离子扩散系数的影响在侵蚀前期表现得更为明显,随着侵蚀时间的延长,静水压力对混凝土氯离子扩散系数的影响程度随着侵蚀龄期的延长而降低。随着混凝土强度的提高,普通钢筋混凝土抗氯盐侵蚀性能明显提高;在相同的强度等级下,高耐久钢筋混凝土的抗氯盐侵蚀性能较普通混凝土显著提升。

(2) 解析了中等腐蚀环境中在静水压和硫酸盐、氯盐多因素耦合作用下 Cl^- 在混凝土中的传输机制。Cl^- 在深埋隧道混凝土中的侵入主要表现为渗透和扩散两种传输机制。静水压力是氯离子以渗透机制传输的动力,其渗透规律符合带有启动压力梯度的非线性达西(Darcy)模型。在一定的静水压力条件下,混凝土很快达到其稳定的平衡渗水高度。氯离子依据渗透机制传输进入混凝土中的渗透深度表现为混凝土在相应静水压力下的渗水高度,渗透时间相对于混凝土抗钢筋锈蚀耐久寿命而言可以忽略不计。氯离子依据渗透机制传输进入混凝土中的渗透深度对混凝土抗钢筋锈蚀耐久寿命的影响相当于降低了混凝土有效保护层厚度。氯离子扩散机制的传输动力源于溶液中 Cl^- 与混凝土内部 Cl^- 的浓度梯度,其扩散规律符合菲克第二定律的非稳态扩散模型。

(3) 通过自行研制的拉应力试验架,根据室内模拟干湿循环加速腐蚀试验结果,明确了中等腐蚀环境中拉应力耦合硫酸盐、侵蚀性 CO_2 条件下的隧洞混凝土性能劣化进程规律。在硫酸盐的中等腐蚀环境中,在侵蚀前期混凝土的抗压强度性能是增强的,随着侵蚀龄期的延长,抗压强度明显下降。虽然高耐久混凝土在前期的增强阶段性能增加不如普通混凝土明显,但在后期的性能下降阶段,其劣化速率却比普通混凝土小,表明高耐久混凝土抗硫酸盐侵蚀耐久性比普通混凝土优秀。拉应力加速了硫酸盐对混凝土的侵蚀速率。

(4) 在硫酸盐耦合侵蚀性 CO_2 的中等腐蚀环境中,混凝土性能劣化速率主要受侵蚀性 CO_2 的影响,其性能劣化规律表现为侵蚀前期强度下降,随着侵蚀龄期的延长强度又上升,随后又缓慢下降的过程。混凝土的侵蚀性 CO_2 的存在降低了硫酸盐对混凝土的侵蚀速率,SO_4^{2-} 等离子的存在增强了侵蚀性 CO_2 对混凝土的侵蚀。拉应力同样加速了硫酸盐耦合侵蚀性 CO_2 对混凝土的侵蚀速率。高耐久混凝土在侵蚀前期强度下降程度比普通混凝土大,但随着侵蚀龄期的延长,高耐久混凝土在后期的破坏速度比普通混凝土慢。

(5) 解析了中等腐蚀环境中拉应力耦合硫酸盐、侵蚀性 CO_2 条件下的隧洞混凝土性能劣化机理。硫酸镁盐在混凝土中的侵蚀产物主要为石膏、钙矾石、$Mg(OH)_2$ 和水化硅酸镁(M—S—H),侵蚀产物及物理结晶析出的盐填充了混凝土内部的孔隙,前期起到密实增强的作用,后期随着侵蚀产物的增加,混凝土孔隙内应力逐渐增大,导致性能逐步劣化。

(6) 在隧洞混凝土所处的静水条件下,侵蚀性 CO_2 对混凝土性能劣化的速度主要受到 OH^- 向混凝土表面扩散速度的影响。高耐久混凝土由于掺合料的二次水化作用,一方面混凝土内部 OH^- 浓度比普通混凝土低,另一方面孔结构得到细化,因此其 $Ca(OH)_2$ 的扩散速度比普通混凝土要慢,这也是高耐久混凝土在后期的破坏速度比普通混凝土减小的原因所在。

(7) 侵蚀性 CO_2 生成的碳酸钙沉淀因其密实性降低了硫酸盐向混凝土内部侵入的速率,而硫酸盐的存在使溶液中离子强度增加,离子活性系数降低,碳酸盐的平衡状态受到破坏,导致侵蚀性碳酸的数量增多,同时碳酸氢盐和碳酸盐的溶解度也增大,因此硫酸盐增强了侵蚀性 CO_2 对混凝土的侵蚀。

(8) 拉应力劣化了混凝土孔结构,尤其是增大了混凝土的临界孔径,增加了混凝土孔隙的连通性,从而导致混凝土抗腐蚀离子的侵蚀性能下降。

(9) 明确了隧洞高耐久混凝土性能改善机理。大掺量磨细矿渣和粉煤灰等矿物掺合料的掺入能明显改善混凝土内部的微观结构和水化产物的组成,降低混凝土的孔隙率,优化混凝土孔结构,这是高耐久混凝土性能改善的主要原因。

4 TBM 隧洞抗裂防渗、抗腐蚀喷射混凝土配制技术

　　以喷射混凝土为初期支护,然后敷设卷材防水层,再施作模注现浇混凝土衬砌的"复合式衬砌",在我国隧道工程中已经作为一种主要的支护形式被广泛采用。对于作为初期支护的素喷射混凝土而言,由于混凝土喷层吸收变形的能力很差,以致因其脆性破坏而失效,因此,需在喷层中配制钢筋网来加强。但由于钢筋网的阻挡,喷射混凝土不仅造成回弹量的增加,而且影响喷层和岩面之间的紧密结合,以致有时要在喷层后面注浆充填。

　　喷射纤维混凝土是一种近年来在国内外迅速发展的新型复合建筑材料,可以从本质上改善喷射混凝土的材料性质,增强衬砌对隧道围岩的支护能力。与喷射素混凝土相比,喷射纤维混凝土不仅抗折强度有所提高而且韧性好,具有较强的吸收变形的能力,能有效地防止岩块的坍落,对软弱围岩的变形有很强的适应能力,且抗裂性能优。因此,在一定的围岩条件下可以采用喷射纤维混凝土单层结构作为永久衬砌,取代常用的由喷射混凝土的初期支护、防水层和模注现浇混凝土或预制管片混凝土衬砌组成的复合式衬砌。一般情况下,相同条件下的喷射纤维混凝土取代钢丝网喷射混凝土,厚度可以减少 25%,回弹损失减少 20%。更重要的是加快了施工进度,提前了工期,且具有较好的抗渗性、抗裂性和良好的韧性。

　　由于 TBM 隧洞所处稳定性良好、中～厚埋深、中～高强度的岩层,可以采用喷射纤维混凝土单层结构作为永久衬砌,故本书 TBM 隧洞喷射混凝土采用了掺加掺合料复合纤维的技术方案,以工程提供的部分原材料以及市场选购的一部分原材料,研究了喷射纤维混凝土的性能及其耐久性。

　　为提高喷射混凝土的抗裂、抗渗性能,同时考虑珠江三角洲水资源配置工程所处的中等腐蚀环境,采用硅粉等掺合料复合钢纤维或玄武岩纤维、PP 粗纤维开展了 TBM 隧洞喷射纤维混凝土优化配制技术研究。

4.1 主要原材料及其性能

喷射混凝土试验采用的水泥、矿渣粉、砂和减水剂与隧洞混凝土相同,其他原材料如硅粉、速凝剂、纤维和粗骨料为市场上采购。

1. 硅粉

试验采用的硅粉由山东博肯硅材料有限公司生产,其活性 SiO_2 含量92%。

2. 速凝剂

试验采用的速凝剂为江苏奥莱特股份有限公司生产的L15高强型液态无碱速凝剂,该速凝剂的性能检测结果见表4-1-1。

表4-1-1　速凝剂的检测结果

速凝剂	速凝剂掺量/%	凝结时间		抗压强度		
		初凝/min	终凝/min	1 d抗压强度/MPa	28 d抗压强度/MPa	28 d抗压强度比/%
试件 SN-0	0	—	—	15.4	46.0	100
试件 SN-1	8	1.75	5	13.1	43.6	94.8
GB/T 35159—2017 速凝剂	≤5	≤12	≥7.0	≥90	—	90

表4-1-1的检测结果表明,该速凝剂符合规范《喷射混凝土用速凝剂》(GB/T 35159—2017)要求,且1 d混凝土抗压强度比较高。

3. 纤维

试验采用的纤维为上海贝尔卡特-二钢有限公司生产的钢纤维,上海罗洋新材料科技有限公司生产的RL60型PP粗纤维(也称PP有机仿钢纤维),以及成勘院研制生产的玄武岩无机纤维,各纤维的性能指标见表4-1-2。

表4-1-2　纤维的物理性能指标

纤维品种	性能指标					
	密度/(g·cm^{-3})	纤维长度/等效直径/mm	抗拉强度/MPa	断裂伸长/%	弹性模量/GPa	耐腐蚀性
钢纤维	7.80	34/0.58	1 285	1.8	205	—
PP 粗纤维	0.90	48/0.80	570	22	25	耐酸耐碱
玄武岩无机纤维	2.63	30/0.55	3 100	3.2	82	耐酸耐碱

4. 粗骨料

试验采用的粗骨料为 5～15 mm 的人工碎石。碎石的表观密度、针片状含量等见表 4-1-3。

表 4-1-3　粗骨料的主要性能检测结果

粗骨料	表观密度/$(g \cdot cm^{-3})$	含泥量/%	泥块含量/%	压碎指标/%
试验碎石	2.77	0.37	0	16.6
GB/T 14685—2011 碎石	≥2.60	≤0.5(Ⅰ类)	0(Ⅰ类)	≤10(Ⅰ类)
		≤1.0(Ⅱ类)	0.2(Ⅱ类)	≤20(Ⅱ类)

表 4-1-3 的结果表明,相比Ⅰ类碎石,粗骨料的压碎值指标结果偏高,属于Ⅱ类碎石,其余各性能指标符合国标《建设用碎石、卵石》(GB/T 14685—2011)所规定的Ⅰ类碎石要求。

4.2　TBM 隧洞喷射混凝土配合比优化试验研究

4.2.1　喷射混凝土配合比设计

本次试验的喷射混凝土设计强度等级为 C35,1 d 的抗压强度(掺速凝剂后)大于 10.0 MPa,满足百年耐久性要求。混凝土拌合物的坍落度(掺速凝剂前)控制在 160～200 mm 左右。

当工程所处环境为中等强度腐蚀环境时,考虑到钢纤维不耐盐腐蚀,因此本书采用了钢纤维、PP 粗纤维以及玄武岩无机纤维三种纤维进行了喷射混凝土性能比选试验;同时通过外加硅粉、磨细矿渣粉等掺合料技术提高喷射混凝土的综合性能。

喷射混凝土设计强度等级 C35,强度保证率 95%,则喷射混凝土的配制强度 $f_{cu,0} = f_{cu,k} + t\sigma = 35.0 + 4.5 \times 1.645 = 42.4$ (MPa)。

试验时混凝土的水灰比(水胶比)以骨料在风干状态下的混凝土单位用水量与单位胶凝材料用量的比值为准。单位胶凝材料用量为 1 m^3 混凝土中水泥与掺合料质量的总和。

混凝土砂率通过混凝土试拌来确定,在满足混凝土和易性条件下,用水量最小时所对应的砂率为混凝土试验砂率。同时考虑到纤维混凝土和喷射混凝土的规范要求,本次试验砂率确定为 0.54～0.56。

水胶比必须同时满足混凝土结构强度和耐久性的要求。

研究采用掺加纤维方案开展 TBM 隧洞喷射混凝土优化配制,由于喷射纤维混凝土对于表层纤维而言无法形成保护层,若工程所处环境状况为腐蚀环境,则不宜采用钢纤维。因此,对于处于中等强度腐蚀环境的喷射纤维混凝土的耐久性而言,将不考虑抗氯离子侵入性指标。根据目前国内相关标准、规范对具有百年设计使用年限的混凝土提出的具体设计要求和相关控制指标参数要求(参见 2.2.1 节),主要考虑抗硫酸盐破坏评价指标和抗渗等级技术要求。

本书满足喷射混凝土百年耐久寿命的配合比设计参数及耐久性指标要求为:

(1) 采用 PP 纤维或玄武岩纤维(无腐蚀环境可选用钢纤维)。

(2) 掺加硅粉等掺合料。

(3) 水胶比不大于 0.40。

(4) 耐久性指标:

(a) 标准养护 56 d 混凝土试件抗硫酸盐侵蚀性能≥KS150;

(b) 标准养护 28 d 混凝土试件抗渗等级为 W12。

按结构强度要求得出的水胶比应与按耐久性要求得出的水胶比相比较,取其较小值作为配合比的设计依据。

根据坍落度要求和试验材料的条件,配制数种不同水胶比的钢纤维喷射混凝土,钢纤维体积掺量为 0.6%。试验喷射钢纤维混凝土配合比见表 4-2-1。不同纤维喷射混凝土配合比见表 4-2-2。

试验喷射钢纤维混凝土的强度性能试验结果见表 4-2-3;绘制喷射钢纤维混凝土 1 d、7 d 和 28 d 抗压强度与胶水比关系曲线,结果见图 4-2-1。

由表 4-2-3 中的强度结果可知,在 0.36～0.44 的水胶比范围内,钢纤维喷射混凝土的 1 d 强度均超过了 10 MPa。图 4-2-1 中钢纤维喷射混凝土抗压强度与胶水比的关系曲线表明,抗压强度与胶水比成显著的线性相关性。根据喷射混凝土的配制强度以及耐久性规范要求,确定本书中 C35 纤维喷射混凝土水胶比为 0.40。

表4-2-1 钢纤维喷射混凝土基础配合比及其拌合物性能

试件编号	砂率/%	水胶比	每立方米混凝土原材料用量/kg								掺速凝剂前坍落度/mm
			水泥	硅粉	钢纤维	砂	石子	水	体积稳定剂	减水剂	无碱速凝剂	
GP36	54	0.36	447	36	47	861	750	187	36	7.792	31.2	160
GP40	55	0.40	409	33	47	895	749	190	33	7.125	28.5	175
GP44	56	0.44	371	30	47	934	750	190	30	6.477	25.9	165

表4-2-2 不同纤维喷射混凝土配合比及其拌合物性能

试件编号	砂率/%	水胶比	每立方米混凝土原材料用量/kg									掺速凝剂前坍落度/mm	备注
			水泥	硅粉	矿渣粉	纤维	砂	石子	水	体积稳定剂	减水剂	无碱速凝剂		
YP400	0.55	0.40	409	33	—	—	912	762	190	33	6.650	28.5	210	
GP401			409	33	—	47	895	750	190	33	7.125	28.5	205	钢纤维,体积掺量0.6%
XP401			409	33	—	16	822	688	190	33	7.125	28.5	210	玄武岩纤维,体积掺量0.6%
XP402			409	33	—	8	856	718	190	33	6.650	28.5	210	玄武岩纤维,体积掺量0.3%
PP401			409	33	—	5.45	895	750	190	33	7.125	28.5	205	PP粗纤维,体积掺量0.6%
PP402			409	33	—	7.75	876	732	190	33	7.600	28.5	200	PP粗纤维,体积掺量0.9%
PP403			312	33	95	5.45	895	750	189	33	7.088	28.4	210	PP粗纤维,体积掺量0.6%
PP404			216	33	188	5.45	895	750	188	33	7.050	28.2	215	PP粗纤维,体积掺量0.6%

表 4-2-3　不同水胶比喷射钢纤维混凝土配合比性能试验结果

试件编号	水胶比	抗压强度/MPa		
		1 d	7 d	28 d
GP36	0.36	17.8	44.6	51.8
GP40	0.40	13.7	34.5	43.5
GP44	0.44	11.5	27.6	33.8

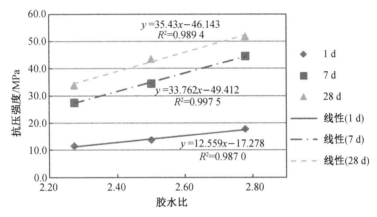

图 4-2-1　钢纤维喷射混凝土抗压强度与胶水比的关系曲线

4.2.2　纤维品种对喷射混凝土性能的影响

考虑到工程处于中等腐蚀环境中,钢纤维在氯盐环境中易于腐蚀,因此本书采用了钢纤维、玄武岩无机纤维和聚丙烯粗纤维(即 PP 粗纤维,也称 PP 有机仿钢纤维)三种不同类型的纤维研究了纤维品种对喷射混凝土性能的影响。如图 4-2-2 所示即为钢纤维、玄武岩无机纤维和 PP 粗纤维。不同纤维喷射混凝土的配合比见表 4-2-2。

（a）钢纤维　　　　　　（b）玄武岩无机纤维　　　　　（c）PP 粗纤维

图 4-2-2　不同品种增韧纤维

1. 强度性能

不同品种纤维对喷射混凝土抗压强度的影响见表 4 - 2 - 4 和图 4 - 2 - 3、图 4 - 2 - 4。

表 4 - 2 - 4　不同品种纤维混凝土的抗压强度

试件编号	水胶比	硅粉掺量/%	纤维品种	纤维的体积掺量/%	抗压强度/MPa		
					1 d	7 d	28 d
YP400	0.40	8	—	—	16.2	32.5	43.3
GP401			钢纤维	0.6	14.3	34.6	44.9
XP401			玄武岩无机纤维	0.6	14.3	30.6	35.8
XP402				0.3	14.0	29.9	38.9
PP401			PP 粗纤维	0.6	13.2	31.7	43.0
PP402				0.9	14.0	32.6	35.9

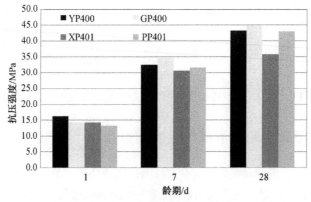

图 4 - 2 - 3　相同体积掺量下不同纤维对喷射混凝土抗压强度的影响

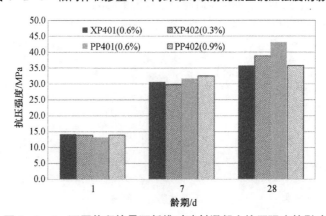

图 4 - 2 - 4　不同体积掺量下纤维对喷射混凝土抗压强度的影响

从表 4-2-4 和图 4-2-3～图 4-2-4 中的试验结果可知,在相同水胶比条件下,纤维的掺加降低了混凝土早期 1 d 的抗压强度,而在 0.6% 的适宜体积掺量下,掺加钢纤维和 PP 粗纤维对混凝土的后期强度无不良影响,特别是掺加钢纤维对混凝土的后期强度甚至略有增加。对于玄武岩无机纤维而言,在试验的掺量范围内(0.3%～0.6% 体积掺量),对混凝土的强度均有所降低,且强度随纤维掺量的增加而降低。

2. 弯曲韧性

由于喷射混凝土用作 TBM 隧道的支护,有一个同围岩共同变形的过程,因此喷射混凝土本身吸收变形的能力,以及材料本身抵抗裂缝扩展的能力也即韧性就显得尤为重要。纤维喷射混凝土的韧性使得与岩面紧密的喷层不但具有一定的柔性,而且在同围岩共同变形过程中持续有效地提供支护抗力。故对各纤维喷射混凝土的弯曲韧性进行了试验。

(1)实验方法

混凝土弯曲韧性试验根据中国工程建设标准化协会标准《纤维混凝土试验方法标准》(CECS13:2009)进行。试验设备和装置见图 4-2-5。

图 4-2-5 纤维混凝土弯曲试验设备和装置

由如图 4-2-5 所示的试验设备和装置可直接绘得荷载—挠度曲线。荷载—挠度曲线由线性转为非线性的点即为初裂点,该点所对应的荷载和挠度分别为初裂荷载和初裂挠度。荷载—挠度曲线所包含的面积即为不同挠度下混凝土所吸收的能量,也即韧度。弯曲韧度指数 I_j 是混凝土在荷载作用下达到给定挠度所吸收的能量与其达到初裂挠度所吸收能量的比值。弯曲韧度指数 I_5、I_{10} 和 I_{20} 分别为挠度达到 3δ、5.5δ 和 10.5δ 时吸收的能量除以达到初裂挠度时吸收能量的商值,其中,δ 为初裂挠度。混凝土试件的弯曲韧度指数、初裂强度的计算公式分别为:

$$I_5 = \frac{\Omega_{3\delta}}{\Omega_\delta} \qquad\qquad (4-2-1)$$

$$I_{10} = \frac{\Omega_{5.5\delta}}{\Omega_\delta} \qquad\qquad (4-2-2)$$

$$I_{20} = \frac{\Omega_{10.5\delta}}{\Omega_\delta} \qquad\qquad (4-2-3)$$

$$f_{cr} = \frac{F_{cr} \cdot L}{bh^2} \qquad\qquad (4-2-4)$$

式中:Ω_δ、$\Omega_{3\delta}$、$\Omega_{5.5\delta}$ 和 $\Omega_{10.5\delta}$——挠度达到 δ、3δ、5.5δ 和 10.5δ 时吸收的能量,即相对应的荷载—挠度曲线下的面积;

　　f_{cr}——初裂强度,MPa;

　　F_{cr}——初裂荷载,N;

　　L——支座间距,mm;

　　b——试件截面宽度,mm;

　　h——试件截面高度,mm。

(2)试验结果与分析

纤维喷射混凝土弯曲韧性试验荷载—挠度曲线见图 4-2-6 和图 4-2-7。喷射混凝土的初裂强度、弯曲韧度指数和弯曲韧性比的结果见表 4-2-5。

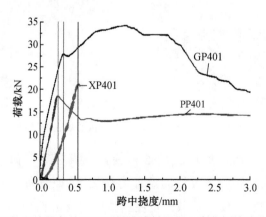

图 4-2-6　相同体积掺量条件下不同纤维喷射混凝土弯曲韧性试验荷载—挠度曲线

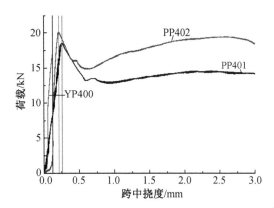

图 4-2-7 不同体积掺量下 PP 粗纤维喷射混凝土弯曲韧性试验荷载—挠度曲线

表 4-2-5 不同纤维混凝土的弯曲韧性

试件编号	纤维品种	纤维体积掺量/%	初裂强度/MPa	$\Omega_{10.58}$	弯曲韧度指数			弯曲韧性比
					I_5	I_{10}	I_{20}	
YP400	—	—	6.81		1.00	1.00	1.00	
GP401	钢纤维	0.6	7.93	89 154	4.75	9.11	14.61	0.86
XP401	玄武岩无机纤维	0.6	6.52	—	1.00	1.00	1.00	—
XP402		0.3	5.44	—	1.00	1.00	1.00	
PP401	PP 粗纤维	0.6	6.06	35 800	4.40	8.43	13.40	0.64
PP402		0.9	6.15	70 650	5.83	13.41	25.54	0.74

图 4-2-6、图 4-2-7 和表 4-2-5 中的纤维喷射混凝土弯曲韧性试验结果表明,钢纤维和 PP 粗纤维均显著提高了混凝土的弯曲韧性,而掺加玄武岩无机纤维对喷射混凝土的韧性无任何改善。在相同的 0.6% 的体积掺量下,无论是初裂强度、弯曲韧度指数还是弯曲韧性比,PP 粗纤维喷射混凝土均略小于钢纤维喷射混凝土。随着 PP 粗纤维掺量增加到 0.9%,混凝土的弯曲韧性明显增加,但与 0.6% 体积掺量的钢纤维喷射混凝土相比,虽然弯曲韧度指数增大了,但其初裂强度、同挠度下吸收的能量和弯曲韧性比仍然比钢纤维喷射混凝土低。

3. 干缩变形性能

不同纤维喷射混凝土的干缩变形试验结果见表 4-2-6 和图 4-2-8。试验结果表明,掺加 0.6% 体积掺量的钢纤维或 PP 粗纤维对喷射混凝土的干缩变形值影响较小,纤维对混凝土的早期干缩略有降低,而后期略有增加。

表 4-2-6　不同纤维喷射混凝土的干缩变形性能

试件编号	纤维品种	纤维体积掺量/%	干缩值/×10⁻⁶					
			1 d	3 d	7 d	14 d	28 d	60 d
YP400	—	—	−43	−94	−203	−294	−382	−463
GP401	钢纤维	0.6	−36	−78	−224	−321	−408	−473
PP401	PP 粗纤维		−42	−95	−208	−334	−418	−473

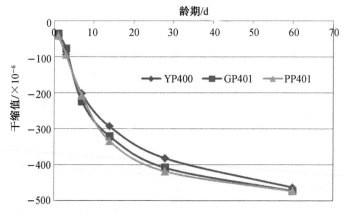

图 4-2-8　不同纤维混凝土的干缩变形随龄期变化的关系曲线

4.2.3　掺合料对喷射混凝土性能的影响

为了提高喷射纤维混凝土的综合性能,本书考察了硅粉和磨细矿渣粉复掺对其性能的影响。试验混凝土配合比见表 4-2-2。

1. 力学性能

掺加矿渣粉对 PP 粗纤维喷射混凝土抗压强度的影响结果见表 4-2-7 和图 4-2-9。

表 4-2-7　矿渣粉掺量对 PP 粗纤维喷射混凝土抗压强度的影响

试件编号	水胶比	PP 粗纤维体积掺量/%	硅粉掺量/%	矿渣粉掺量/%	抗压强度/MPa		
					1 d	7 d	28 d
PP401	0.4	0.6	8	0	14.1	33.7	45.8
PP403				20	14.0	35.5	50.6
PP404				40	12.7	34.9	47.9

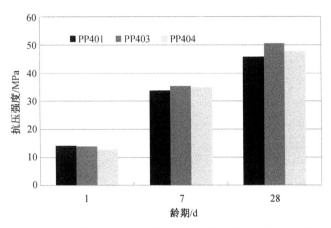

图 4-2-9　不同矿渣粉掺量下的 PP 粗纤维喷射混凝土抗压强度

从表 4-2-7 和图 4-2-9 中的混凝土抗压强度试验结果可见,掺加矿渣粉降低了混凝土早期 1 d 的强度,而增加了 7 d 及以后的强度。同时抗压强度的试验结果表明,掺加 20%矿渣粉的混凝土强度最高。

不同矿渣粉掺量对 PP 粗纤维喷射混凝土极限拉伸性能的影响见表 4-2-8。

表 4-2-8　不同矿渣粉掺量对 PP 粗纤维喷射混凝土极限拉伸性能的影响

试件编号	矿渣粉掺量/%	28 d 极限拉伸性能		
		轴拉强度/MPa	极限拉伸值/$\times 10^{-6}$	轴拉弹性模量/GPa
PP401	0	3.65	143	31.6
PP403	20	4.25	165	32.5
PP404	40	4.02	160	31.8

从表 4-2-8 中混凝土的极限拉伸性能来看,掺加矿渣粉增强了混凝土的极限拉伸性能,而掺加 20%矿渣粉的混凝土极限拉伸性能最优。

2. 干缩变形性能

在恒温恒湿条件下研究了矿渣粉对 PP 粗纤维喷射混凝土干燥收缩变形性能的影响。在相同水胶比和纤维体积掺量条件下,不同矿渣粉掺量的 PP 粗纤维喷射混凝土的干缩变形试验结果见表 4-2-9 和图 4-2-10。

由表 4-2-9 和图 4-2-10 的试验结果可知,掺加矿渣粉使得 PP 粗纤维喷射混凝土早期 1 d 的变形由收缩变成了膨胀,随后 7 d 的收缩明显增加,14 d 后收缩又变缓变小,至 60 d 时总的收缩值比不掺矿渣粉的混凝土减小。同时试验结果也表明,掺加 20%矿渣粉的纤维喷射混凝土的干缩变形值较小。

表 4-2-9　不同矿渣粉掺量下 PP 粗纤维喷射混凝土的干缩变形性能

试件编号	矿渣粉掺量/%	干缩值/×10⁻⁶					
		1 d	3 d	7 d	14 d	28 d	60 d
PP401	0	−42	−95	−208	−334	−418	−473
PP403	20	42	−116	−240	−306	−372	−418
PP404	40	6	−157	−275	−322	−394	−449

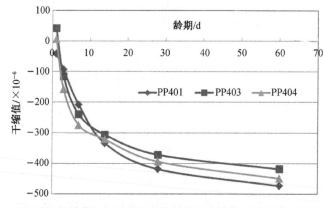

图 4-2-10　不同矿渣粉掺量下 PP 粗纤维喷射混凝土的干缩变形随龄期变化的关系曲线

3. 耐久性能

对处于中等腐蚀环境中的喷射混凝土而言,采用 PP 纤维将不会产生因钢筋锈蚀而造成的耐久性问题。因此,影响 PP 纤维喷射混凝土耐久性的主要因素为硫酸盐侵蚀。故研究了硅粉和矿渣粉复掺对 PP 纤维喷射混凝土的抗硫酸盐侵蚀性能和抗渗性能。

（1）抗腐蚀耐久性

硅粉和矿渣粉复掺对纤维喷射混凝土的抗硫酸盐侵蚀性能的试验结果见表 4-2-10。

表 4-2-10　纤维喷射混凝土的抗腐蚀耐久性

试件编号	硅粉掺量/%	矿渣粉掺量/%	抗硫酸盐侵蚀性能(标准养护 56 d)	
			循环次数	抗压强度耐蚀系数/%
PP401		0		81
PP403	8	20	150	87
PP404		40		90

从表 4-2-10 的试验结果可知,随着磨细矿渣粉掺量的增加,PP 粗纤维喷射混凝土抗硫酸盐的侵蚀性能均是随之提高。在硅粉掺量为 8%,矿粉掺量为 0%~40% 的范围内,PP 粗纤维喷射混凝土的抗硫酸盐性能均达到了 KS150。

(2)抗渗性能

硅粉和矿渣粉复掺对纤维喷射混凝土养护 28 d 的抗渗性能试验结果见表 4-2-11。

将水压力逐级加压至 1.3 MPa 时,混凝土试件无一透水,各混凝土抗渗性能优异,满足混凝土百年耐久性参数要求。相对而言,在掺加 8% 硅粉基础上再掺加 20% 矿渣的高耐久混凝土抗渗性能更优,当矿渣粉掺量增加到 40% 以后抗渗性能有所下降,但仍比单掺硅粉的混凝土渗水高度要小。

表 4-2-11　纤维喷射混凝土的抗渗性能

试件编号	硅粉掺量/%	矿渣粉掺量/%	水压力/MPa	渗水高度/mm	抗渗等级
PP401		0	1.3	57	W12
PP403	8	20	1.3	44	W12
PP404		40	1.3	51	W12

4.3　TBM 隧洞喷射混凝土推荐参考配合比及其性能

根据前面 TBM 隧洞喷射混凝土配合比优化试验研究结果可知,选择和掺加适宜的纤维,在不降低混凝土强度和干缩性能的前提下可以显著提高喷射混凝土的韧性,具有很好的吸收围岩变形能力,且抗渗性和抗裂性能优。在相同水胶比和纤维体积掺量条件下,钢纤维喷射混凝土的综合性能最优,而 PP 粗纤维喷射混凝土的性能仅略逊于钢纤维喷射混凝土。考虑到钢纤维喷射混凝土无保护层厚度,不耐氯盐腐蚀和碳化腐蚀,因此在珠江三角洲水资源配置工程所处的中等腐蚀环境下,推荐 TBM 隧洞采用 PP 粗纤维喷射混凝土;在无化学腐蚀环境下,推荐 TBM 隧洞采用钢纤维喷射混凝土。

4.3.1　配合比基本参数

喷射混凝土强度:C35,1 d 抗压强度≥10 MPa;

水胶比:≤0.40;

胶凝材料:66% 水泥+20% 矿渣粉+7% 硅粉+7% 体积稳定剂;

纤维掺量:0.6%(体积掺量)。

4.3.2 原材料要求

水泥:强度等级不低于 42.5 的硅酸盐或者普通硅酸盐水泥;

掺合料:铁合金厂回收硅粉,活性 SiO_2 含量 $\geqslant 90\%$;S95 级矿渣粉;南京水利科学研究院研制的体积稳定剂;

细骨料:中粗砂,细度模数 2.3~3.0;

粗骨料:5~15 mm 人工碎石;

减水剂:减水率不低于 25% 的高性能减水剂;

速凝剂:采用无碱速凝剂;

纤维:长径比 $>$ 50。

4.3.3 耐久性指标

混凝土 56 d 抗硫酸盐等级不小于 KS150;

混凝土 28 d 抗渗等级为 W12。

4.3.4 混凝土参考配合比

混凝土参考配合比见表 4-3-1。

表 4-3-1 混凝土参考配合比

强度等级	每立方米混凝土原材料用量/kg										坍落度/mm
	水泥	硅粉	矿渣粉	砂	石子	水	减水剂	体积稳定剂	速凝剂	纤维*	
C35	312	33	95	895	750	189	7.088	33	28.4	5.45 (PP 粗纤维)	210
	312	33	95	895	750	189	7.088	33	28.4	47 (钢纤维)	205

注:*中等腐蚀环境下,采用 PP 粗纤维喷射混凝土;无化学腐蚀环境下,采用钢纤维喷射混凝土。

4.4 本章小结

(1)为提高喷射混凝土的抗裂、抗渗性能,同时考虑珠江三角洲水资源配置工程所处的中等腐蚀环境,采用钢纤维、玄武岩纤维以及 PP 粗纤维开展了 TBM 隧洞喷射纤维混凝土性能试验。喷射纤维混凝土配合比优化试验研究结果表明,选择和掺加适宜的纤维,在不降低混凝土强度和干缩性能的前提下可以显著提高喷射混凝土的韧性,吸收围岩变形能力强,且抗渗性和抗裂性能优。在相同水胶比和纤维体积掺量条件下,钢纤维喷射混凝土的综合性能最优,而 PP 粗纤维喷射混凝土的性能仅略逊于钢纤维喷射混凝土,玄武岩纤维无益于喷射混凝土性能的提高。研制的纤维喷射混凝土由于其高韧性、高体积稳定性及高抗裂性,在围岩条件适合的条件下可作为 TBM 隧洞单层永久衬砌。

（2）考虑到钢纤维喷射混凝土无保护层厚度,不耐氯盐腐蚀和碳化腐蚀,因此在珠江三角洲水资源配置工程所处的中等腐蚀环境下,推荐 TBM 隧洞采用 PP 粗纤维喷射混凝土;在无化学腐蚀环境下,推荐采用钢纤维喷射混凝土。提出了 TBM 隧洞纤维喷射混凝土配合比的基本参数和原材料要求,并明确了 TBM 隧洞采用 PP 粗纤维喷射混凝土或钢纤维喷射混凝土的参考配合比。

5 滨海复杂环境下隧洞喷射混凝土劣化进程和机理

针对珠江三角洲水资源配置工程所处的中等腐蚀环境,本节对 TBM 隧洞纤维喷射混凝土的腐蚀劣化进程和破坏机理进行了研究分析。

▶ 5.1 钢纤维和 PP 粗纤维喷射混凝土抗碳化以及抗氯离子侵蚀耐久性

5.1.1 抗碳化耐久性

将各喷射混凝土的抗碳化试件标准养护 28 d 后,在 60 ℃温度下烘 48 h,然后放入碳化箱中进行碳化试验。期间,碳化箱中 CO_2 的浓度保持在(20±3)%,相对湿度控制在(70±5)%,试验温度为(20±5)℃。

混凝土试件分别碳化至 3 d、7 d、14 d 和 28 d 试验龄期时,取出试件,截取断面测其平均碳化深度,试验结果如表 5-1-1 所示。

表 5-1-1　喷射混凝土的快速碳化试验结果

试件编号	碳化深度/mm			
	3 d	7 d	14 d	28 d
YP400	5.3	6.4	9.3	11.5
GP401	5.4	8.6	9.4	10.6
PP403	7.0	8.0	9.8	13.3

从表 5-1-1 中的快速碳化试验结果可知,随着碳化龄期的增长,混凝土的碳化深度随之增加。钢纤维或仿钢纤维均对喷射混凝土的碳化深度影响不明显。而掺加硅粉或矿渣粉使混凝土的碳化深度增加,碳化速度加快。

喷射混凝土经过 28 d 的快速碳化后,其抗压强度和弯曲韧性试验结果分别见表 5-1-2 和表 5-1-3。

表 5-1-2　喷射混凝土快速碳化 28 d 后的强度性能

试件编号	抗压强度/MPa	
	标准养护 28 d	碳化 28 d(标准养护 28 d 后)
YP400	35.6	57.5
GP401	37.6	60.2
PP403	36.4	42.2

表 5-1-3　纤维喷射混凝土快速碳化 28 d 后的弯曲韧性试验结果

试件编号	养护情况	弯曲韧度指数				初裂强度/MPa
		I_5	I_{10}	I_{20}	I_{30}	
YP400	标准养护 28 d	1.23	1.23	1.23	1.23	4.50
	碳化 28 d(标准养护 28 d 后)	1.36	1.36	1.36	1.36	4.83
GP401	标准养护 28 d	6.55	12.40	21.52	28.84	5.40
	碳化 28 d(标准养护 28 d 后)	4.50	8.45	13.65	18.30	7.23
PP403	标准养护 28 d	4.04	6.04	9.50	12.99	4.86
	碳化 28 d(标准养护 28 d 后)	4.08	5.87	9.00	11.91	5.54

由表 5-1-2 可知,经快速碳化 28 d 后,掺加纤维的喷射混凝土强度与碳化前相比增加了约 60%,而掺加硅粉或矿渣粉的喷射混凝土强度增长不明显,特别是掺加了矿渣粉的混凝土。试验结果表明,无论是钢纤维还是仿钢纤维,对喷射混凝土快速碳化后的强度无明显影响。而对于掺加了硅粉或矿渣粉的喷射混凝土而言,由于碳化降低了混凝土内部的碱度,影响了硅粉和矿渣粉的二次水化,从而影响了混凝土后期强度的增长。

表 5-1-3 中纤维喷射混凝土快速碳化 28 d 后的弯曲韧性试验结果表明,与碳化前相比,初裂强度均有所提高;而对于弯曲韧度指数而言,钢纤维混凝土下降了 30% 以上,仿钢纤维混凝土无明显影响。

以上快速碳化 28 d 的试验结果表明,硅粉或矿渣粉加速了混凝土的碳化,影响了混凝土后期强度的发展;钢纤维虽然对混凝土碳化后的强度无明显影响,但是弯曲韧性下降,不过仍比仿钢纤维的韧性指标高;仿钢纤维对混凝土碳化后的强度和弯曲韧性均无明显影响。

5.1.2 抗氯离子渗透性能

将各喷射混凝土的抗氯离子扩散试件标准养护 28 d 后取出,然后在(80±2)℃的温度下烘 4 d,冷却后取出。

对于测量不同扩散深度下氯离子含量的混凝土试件,除其中的 1 个面供外界氯离子扩散外,其余 5 个表面均用环氧树脂封住,然后开始浸烘循环。浸烘循环结束后,钻取不同深度混凝土砂浆粉末样品,测定混凝土砂浆中水溶性氯离子含量。

而测试强度性能和弯曲韧性的混凝土试件则直接浸泡在浓度为 3.5% 的氯化钠溶液中 1 d,然后在 60 ℃ 温度下烘干 13 d,接着再浸泡再烘干,如此多个循环。浸烘循环结束后,测试混凝土的抗压强度和弯曲韧性。

经过 5 个浸烘循环后,将混凝土试件取出,对不同深度处混凝土中的氯离子含量进行测定,试验结果如表 5-1-4 所示。

表 5-1-4　喷射混凝土抗氯离子扩散性能

试件编号	取样深度/mm	水溶性氯离子含量/%（以砂浆质量计）
YP400	0～10	0.701
	10～20	0.371
	20～30	0.252
	30～40	0.146
	40～50	0.106
GP401	0～10	0.447
	10～20	0.240
	20～30	0.104
	30～40	0.036
	40～50	0.017
PP403	0～10	0.435
	10～20	0.292
	20～30	0.129
	30～40	0.058
	40～50	0.005

表 5-1-4 中水溶性氯离子含量近似等于混凝土孔隙中游离氯离子含量。从表 5-1-4 中可以看出,混凝土中水溶性 Cl⁻ 含量均随着扩散深度的增加而减小,而硅粉和矿渣粉的加入则明显减小了各层混凝土中 Cl⁻ 含量。

表 5-1-4 的结果同时表明,混凝土中硅粉和矿渣粉等掺合料的加入,抵抗了氯离子向混凝土内部扩散,提高了混凝土抗海水侵蚀性能。

各喷射混凝土经过在盐水中浸烘 5 个循环后,其强度性能和弯曲韧性的测试结果见表 5-1-5 和表 5-1-6。

表 5-1-5　盐水中浸烘后喷射混凝土的强度性能

试件编号	抗压强度/MPa	
	标准养护 28 d	盐水中浸烘 5 个循环 (标准养护 28 d 后)
YP400	35.6	51.8
GP401	37.6	52.1
PP403	36.4	52.3

表 5-1-5 的结果表明,在浓度为 3.5% 的盐水中浸烘 5 个循环后,各喷射混凝土的强度均有所增加,纤维或掺合料对强度的影响不明显。

浸烘循环化后,钢纤维和 PP 粗纤维喷射混凝土的荷载—挠度曲线分别见图 5-1-1 和图 5-1-2。

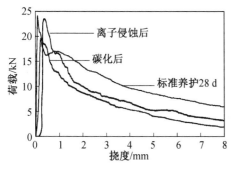

图 5-1-1　侵蚀前后钢纤维喷射混凝土的荷载—挠度曲线对比图

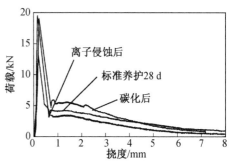

图 5-1-2　侵蚀前后 PP 粗纤维喷射混凝土的荷载—挠度曲线对比图

从表 5-1-6、图 5-1-1 和图 5-1-2 中可以看出,经过在盐水中浸烘 5 个循环后,初裂强度均有所提高;而对于弯曲韧度指数而言,与浸烘循环前相比,钢纤维混凝土下降了 40% 以上,仿钢纤维混凝土无明显影响。

表 5-1-6　盐水中浸烘后纤维喷射混凝土的弯曲韧性试验结果

试件编号	养护情况	弯曲韧度指数				初裂强度/MPa
		I_5	I_{10}	I_{20}	I_{30}	
YP400	标准养护 28 d	1.23	1.23	1.23	1.23	4.50
	盐水中浸烘 5 个循环（标准养护 28 d 后）	1.42	1.42	1.42	1.42	6.05
GP401	标准养护 28 d	6.55	12.40	21.52	28.84	5.40
	盐水中浸烘 5 个循环（标准养护 28 d 后）	4.19	7.65	11.63	15.06	6.80
PP403	标准养护 28 d	4.04	6.04	9.50	12.99	4.86
	盐水中浸烘 5 个循环（标准养护 28 d 后）	4.89	7.43	10.09	12.57	6.09

以上在盐水中经过 5 个侵烘循环的试验结果表明,硅粉或矿渣粉阻碍了氯离子向混凝土内部的扩散;对于素混凝土和仿钢纤维混凝土而言,氯离子对混凝土的强度和弯曲韧性等性能并无不良影响;而对于钢纤维混凝土来说,钢纤维虽然对经过在盐水中浸烘 5 个循环后的强度无明显影响,但是弯曲韧性明显下降。

钢纤维和 PP 粗纤维喷射混凝土抗碳化和抗氯离子侵蚀耐久性研究结果表明,在适量的掺量条件下,喷射钢纤维混凝土的力学性能较 PP 粗纤维要好,但从长期耐久性来看,在碳化和氯离子腐蚀环境中钢纤维喷射混凝土性能将逐渐失效,而 PP 粗纤维喷射混凝土性能可保持稳定有效。因此,在珠江三角洲水资源配置工程所处的中等腐蚀环境下,当力学性能能满足设计要求时,PP 粗纤维完全可以替代钢纤维,且耐久性能明显提高。

5.2 拉应力-硫酸盐-侵蚀性 CO_2 耦合作用下喷射混凝土劣化进程及机理

对处于中等腐蚀环境中的喷射混凝土而言,采用 PP 纤维将不会产生因钢筋锈蚀而造成的耐久性问题。因此,影响 PP 纤维喷射混凝土耐久性的主要因素为硫酸盐和侵蚀性 CO_2 的侵蚀作用。

本节通过推进纤维喷射混凝土在不同拉应力-硫酸盐-侵蚀性 CO_2 多因素耦合条件下的腐蚀进程,测试不同侵蚀龄期下纤维喷射混凝土的性能,微观分析混凝土中的侵蚀产物和孔结构,明确纤维喷射混凝土的性能劣化进程规律。

5.2.1 试验设计

试验采用的试件尺寸为 100 mm×100 mm×300 mm,需加载拉应力的试件在试件两端埋设拉杆。混凝土试件养护到 28 d 龄期后,把试件置于自行研制的刚性应力试验架上加载拉应力(拉应力试验架见图 3-2-1)。通过拉力试验机让试件承受 40%的极限拉应力,紧固试件于应力试验架上,使试件持续承载 40%的极限拉应力。然后把试件连同试验架置于腐蚀溶液中在自动干湿循环试验箱中进行干湿循环,不承载拉应力的试件直接置于腐蚀溶液中在自动干湿循环试验箱中进行干湿循环。干湿循环机制为在 20 ℃腐蚀溶液中浸泡 15 h,然后在 20 ℃温度下风干 9 d,从开始浸泡在腐蚀溶液中至风干完毕,历时 24 h,即 1 d 一次干湿循环。试验腐蚀溶液中,硫酸镁($MgSO_4$)浓度 0.65 g/L(其中 SO_4^{2-} 浓度 500 mg/L),侵蚀性 CO_2 浓度 60 mg/L。

5.2.2 试验结果与分析

1. 性能劣化规律

普通模筑混凝土与喷射混凝土在不同拉应力下的腐蚀循环试验结果见表 5-2-1。表中试件编号中的"PC35"表示普通模筑混凝土,"PP403"表示喷射纤维混凝土,"0"表示该试件不承受拉应力,"1"表示该试件承受了 40%的极限拉应力,"S"表示腐蚀溶液为硫酸盐,"SC"表示腐蚀溶液为硫酸盐耦合侵蚀性 CO_2。

表 5-2-1 不同侵蚀龄期下混凝土耐蚀系数 单位:%

试件	侵蚀龄期				
	0 d	60 d	120 d	240 d	360 d
PC35-0-SC	1	0.96	1.24	1.19	1.17
PC35-1-SC	1	0.99	1.21	1.11	1.07
PP403-0-SC	1	1.04	1.29	1.12	1.08
PP403-1-SC	1	1.02	1.24	1.08	1.01

纤维喷射混凝土的耐蚀系数随侵蚀龄期的变化规律见图 5-2-1。

由表 5-2-1 和图 5-2-1 可知,PP 粗纤维喷射混凝土在拉应力耦合硫酸盐、侵蚀性 CO_2 条件下的性能劣化进程规律与普通模筑混凝土类似,即侵蚀前期强度下降,随着侵蚀龄期的延长强度又上升,随后又缓慢下降。但纤维喷射混凝土在前期强度性能的下降程度比普通模筑混凝土小,随着侵蚀龄期的延长,喷射混凝土在后期的破坏速度却比普通模筑混凝土快。拉应力加速了硫酸盐耦合侵蚀性 CO_2

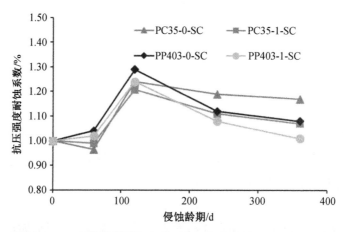

图 5-2-1　纤维喷射混凝土的耐蚀系数随侵蚀龄期的变化规律

对喷射混凝土的侵蚀速率。

2. 性能劣化机理分析

分别对纤维喷射混凝土的孔结构和腐蚀产物微观形貌进行了检测分析。喷射混凝土与普通模筑混凝土的压汞试验结果见图 5-2-2 和表 5-2-2。

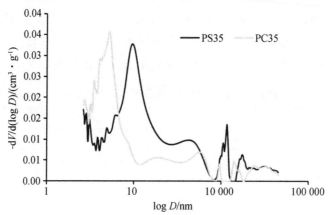

图 5-2-2　喷射混凝土与常规模筑混凝土的微分孔径分布曲线

表 5-2-2　喷射混凝土与普通模筑混凝土的孔结构特征参数

试件	孔结构参数			
	最可几孔径/nm	临界孔径/nm	平均孔径/nm	总孔隙率/%
PC35	27.3	41.8	28.7	8.0
PS35	91.4	132.6	54.4	10.8

由图5-2-2和表5-2-2的孔结构测试结果可知,喷射混凝土由于其特殊的施工方式,混凝土水化快,其孔结构较常规模筑混凝土的各项孔结构特征参数均明显增加。虽然硫酸盐侵入前期的密实增强作用致使喷射混凝土因侵蚀性CO_2而造成的强度性能下降程度比普通混凝土小,但是随着侵蚀龄期的延长,喷射混凝土在后期的破坏速度却比普通混凝土快。

喷射混凝土在硫酸盐耦合侵蚀性CO_2溶液腐蚀情况下,其腐蚀产物的SEM观测结果见图5-2-3。

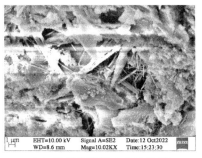
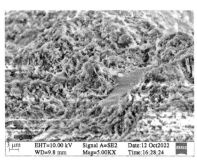

（a）氢氧化镁和水化硅酸镁　　　　（b）石膏和钙矾石

（c）碳硫硅钙石-钙矾石固溶体

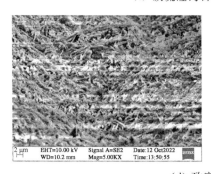
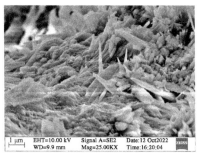

（d）致密碳化层

图5-2-3　喷射混凝土腐蚀产物形貌

从图 5-2-3 中喷射混凝土的腐蚀产物形貌分析结果可见，与模筑的普通混凝土中的侵蚀产物类似，喷射混凝土中因硫酸镁的侵蚀，产物主要有石膏、钙矾石、氢氧化镁和水化硅酸镁（M—S—H），同时由于侵蚀性 CO_2 作用生成了致密的碳酸钙、水化铝碳酸钙层。但在喷射混凝土的侵蚀产物中还发现了被侵蚀成蜂窝状的针状晶体。

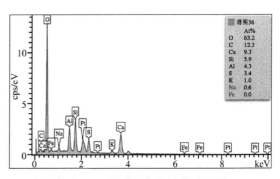

图 5-2-4　能谱元素定性定量分析

对图 5-2-3 中被侵蚀成蜂窝状的针状晶体进行了 EDS 能谱元素定性定量分析，结果见图 5-2-4 和表 5-2-3。

表 5-2-3　能谱元素定性定量分析结果

元素	C	S	Si	Ca	Al	O
原子百分比/At%	12.3	3.4	5.9	9.3	4.3	63.2

由表 5-2-3 中针状晶体的能谱元素定性定量分析结果可知，产物中的主要元素为 C、S、Si、Ca、Al、O，其中 Ca∶S 的物质的量之比为 2.74。碳硫硅钙石主要含有 O、S、Si 和 Ca 等元素，而钙矾石则主要含有 O、S、Al 和 Ca 等元素。根据各腐蚀产物的化学式，可分别计算它们的 Ca∶S 的物质的量之比值，其中碳硫硅钙石的 Ca∶S=3，钙矾石的 Ca∶S=2，石膏的 Ca∶S=1。当产物中 Ca∶S 的物质的量之比值接近 3 时，即可证实碳硫硅钙石的存在[19]。该晶体产物中 Ca∶S 的物质的量之比值为 2.74，因此可以推断该晶体产物为碳硫硅钙石-钙矾石的固溶体。

碳硫硅钙石的形成条件是存在硅酸钙、硫酸根、碳酸根、湿度大、温度低的环境。一般认为，在低温（＜15 ℃）、高湿、硫酸盐与碳酸盐同时存在的侵蚀环境下，石膏等产物会与水泥水化产物 CSH 凝胶发生反应，导致 CSH 凝胶解体，生成无任何胶结性的碳硫硅钙石晶体[20]。Hartshorn 等[21]认为碳硫硅钙在 5 ℃下能大量形成，20 ℃左右也能形成，但侵蚀程度明显小于 5 ℃。Brown 等[22]在长期侵蚀的混凝土中通过 SEM 发现了碳硫硅钙石，认为可能是钙矾石碳化形成的。

目前研究认为，碳硫硅钙石的生成途径主要有两种：一是溶液反应机理，即硫酸盐、碳酸盐与水泥石中的水化硅酸钙直接反应生成无胶结作用的碳硫硅钙石（$CaCO_3 \cdot CaSiO_3 \cdot CaSO_4 \cdot 15H_2O$）；二是钙矾石转变机理，即认为钙矾石是碳硫硅钙石形成的基质,碳硫硅钙石是由钙矾石转变而成的。碳硫硅钙石的结构与钙矾石的结构极为相似,当钙矾石中的 Al^{3+} 被 CSH 凝胶中的 Si^{4+} 取代,$[SO_4^{2-} + H_2O]$ 被 $[CO_3^{2-} + SO_4^{2-}]$ 取代时,便形成碳硫硅钙石。而一旦钙矾石中的 Al^{3+} 被取代,Al^{3+} 将重新释放进混凝土孔隙液中,导致形成新的钙矾石,这些新形成的钙矾石继而又重复以上过程转变成碳硫硅钙石。碳硫硅钙石较钙矾石更加稳定,生成后不容易受环境影响而分解,因此会造成材料不断发生烂泥状破坏。因此,处在 CO_3^{2-} 环境中的含钙矾石的水泥基胶凝材料,随着腐蚀时间的延长,会因为钙矾石转换生成大量无胶结能力的碳硫硅钙石而发生严重破坏。

本书的 20 ℃试验温度条件下,在硫酸盐耦合侵蚀性 CO_2 的腐蚀环境中,喷射混凝土中生成了侵蚀产物碳硫硅钙石,证实碳硫硅钙石在 20 ℃左右也能形成。同时,碳硫硅钙石-钙矾石固溶体的存在表明在本书的试验条件下,碳硫硅钙石是由钙矾石转变而形成的。由于喷射混凝土在速凝剂的作用下形成了大量钙矾石,当长期处于含有 CO_3^{2-} 环境中还会形成碳硫硅钙石腐蚀,导致喷射混凝土的性能进一步劣化。

5.3　本章小结

(1) 研究比较了钢纤维和 PP 粗纤维喷射混凝土抗碳化和抗氯离子侵蚀耐久性。研究结果表明,在适量的掺量条件下,钢纤维喷射混凝土的力学性能较 PP 粗纤维要好,但从长期耐久性来看,在碳化和氯离子腐蚀环境中钢纤维喷射混凝土性能将逐渐失效,而 PP 粗纤维喷射混凝土性能可保持稳定有效。因此,在珠江三角洲水资源配置工程所处的中等腐蚀环境下,当力学性能能满足设计要求时,PP 粗纤维完全可以替代钢纤维,且耐久性能明显提高。

(2) 根据室内模拟干湿循环加速腐蚀试验结果,明确了中等腐蚀环境中拉应力耦合硫酸盐、侵蚀性 CO_2 条件下 TBM 隧道 PP 粗纤维喷射混凝土性能劣化进程规律和机理。PP 粗纤维喷射混凝土在拉应力耦合硫酸盐、侵蚀性 CO_2 条件下的性能劣化进程规律与常规模筑混凝土类似,即侵蚀前期强度下降,随着侵蚀龄期的延长强度又上升,随后又缓慢下降。由于喷射混凝土较常规模筑混凝土的孔隙率和平均孔径均明显增加,虽然硫酸盐侵入前期的密实增强作用致使喷射混凝土因侵蚀性 CO_2 而造成的强度性能下降程度比普通混凝土小,但是随着侵蚀龄期的延长,喷射混凝土在后期的破坏速度却比普通混凝土大。拉应力增加了硫酸盐耦合侵蚀性 CO_2 对喷射混凝土的侵蚀速率。由于喷射混凝土在速凝剂的作用下形成了大量钙矾石,在拉应力耦合硫酸盐、侵蚀性 CO_2 环境中会形成碳硫硅钙石腐蚀,导致喷射混凝土的性能进一步劣化。

6 TBM 隧洞提升喷射混凝土施工质量技术

地下隧洞开挖不可避免地会遭遇渗流断面,在局部流水面直接喷射混凝土,混凝土与基岩黏结强度基本为零。混凝土封闭后,在水压作用下,渗漏水穿过喷射混凝土层,形成疏松渗漏通道。

采取引流卸压—表面封闭—喷射混凝土—灌浆止漏等行之有效的施工工艺和技术措施,是提升隧洞局部渗漏部位喷射混凝土施工质量的有效措施。引流管的埋设可以采用水泥加速凝剂的速凝水泥净浆固定。渗漏面的封闭也可采用水泥加速凝剂的水泥净浆喷涂施工,但与渗流岩面间黏结强度无法保证。

本章通过研究岩隙渗漏适宜的界面黏结材料和灌浆材料以全面提升喷射混凝土施工质量。

▶ 6.1 界面黏结材料

6.1.1 试验方案

丙烯酸酯共聚乳液水泥净浆具有较高的黏结强度,与旧砂浆黏结强度可达 8.0 MPa,与钢板黏结强度大于 1.0 MPa。但丙烯酸酯共聚乳液水泥净浆不耐水流冲刷,且与流水岩面黏结强度不可保证。

在丙烯酸酯胶乳中掺加水性胶乳固化剂掺入水泥净浆后,一部分丙烯酸酯与水性固化剂中的酰胺基在水泥水化形成的碱性条件下发生迈克尔加成反应和酰胺化反应生成聚丙烯酰胺系列化合物,具有吸水絮凝作用,能够消除水泥净浆与岩石界面间水膜,同时促进另一部分丙烯酸酯共聚胶乳固化成膜,提高水泥净浆与岩石界面水中黏结抗折强度。丙烯酸酯共聚乳液复合水性固化剂配制水泥净浆可明显提高水泥净浆在流水界面的黏结强度,但抗流水冲刷性能尚不能满足要求。

通过采用丙烯酸酯共聚乳液复合水性固化剂、无碱速凝剂配制喷涂水泥基界面黏结剂,以达到具有封闭渗漏通道,耐水流冲刷,且与流水岩面黏结强度高的性能特点的目的。

喷涂水泥基界面黏结剂试验配合比见表 6-1-1。

表 6-1-1　喷涂水泥基界面黏结剂试验配合比

试件编号	黏结水泥净浆试验配合比/份				
	水泥	丙乳	水性固化剂	速凝剂	水
1	100	30	—	—	15
2	100	30	6	—	15
3	100	30	10	—	15
4	100	30	10	6	15
5	100	30	6	8	15
6	100	30	—	8	15
7	100	30	6	10	15
8	100	30	—	10	15

6.1.2　试验结果

喷涂水泥基界面黏结剂抗流速 0.5 m/s 流水冲刷效果以及对喷射混凝土水中黏结强度影响的试验结果分别见表 6-1-2 和图 6-1-1、图 6-1-2。速凝剂掺量对抵抗冲水流速的影响试验结果见表 6-1-3。

表 6-1-2　喷涂水泥基界面黏结剂抗流水冲刷及对喷射混凝土水中黏结性能影响

试件编号	水中黏结抗折强度/MPa		水中黏结抗拉强度/MPa	流速 0.5 m/s 流水冲刷效果
	1 d	28 d		
1	—	1.33	0.40	流水立刻冲失
2	—	2.47	0.85	流水立刻冲失
5	0.57	5.90	—	流水 20 s 冲失
6	0.41	5.74	—	流水 3 min 后,局部冲失,流失面积 10%
7	0.85	6.42	1.38	流水 3 min 后,无冲失
8	0.68	4.96	1.18	流水 3 min 后,无冲失

（a）流水冲刷试验

（b）2#试件流水冲失

（c）4#试件局部冲失

（d）6#试件无流失

（e）7#试件无流失

（f）8#试件无流失

图6-1-1　喷涂水泥基界面黏结剂流水试验效果

（a）黏结拉伸试验

（b）7#黏结拉伸试件断面

图6-1-2　黏结拉伸试验效果

表 6-1-3   速凝剂掺量对抵抗冲水流速的影响试验结果

冲水流速/(m·s⁻¹)	0.2	0.5	0.8
速凝剂掺量(组分/份)	5~6	7~8	9~10

由试验结果可知,喷涂水泥基界面黏结剂试验配比中速凝剂的掺量对抵抗水流冲刷能力作用明显,且随着水流流速的增大,需增加速凝剂掺量,提高抗水流冲刷能力。掺加水性胶乳固化剂可明显提高水泥净浆在流水界面的黏结强度,喷射混凝土水中黏结抗拉强度大于 1.0 MPa。

6.1.3   喷涂黏结材料参考配方及其性能指标

根据性能检测结果,推荐喷涂水泥基界面黏结剂参考配比见表 6-1-4。

表 6-1-4   推荐喷涂水泥基界面黏结剂参考配比

材料	水泥	丙烯酸酯共聚乳液	水性固化剂	速凝剂	水
组分/份	100	30	6	10	15

喷涂水泥基界面黏结剂性能指标如下:

水泥净浆流动度 250~300 mm(参照《混凝土外加剂匀质性试验方法》(GB/T 8077—2012));

黏结抗拉强度>1.0 MPa(喷射混凝土与流水岩面间)。

6.1.4   施工工艺

提高渗漏岩面喷射混凝土黏结强度的施工步骤如下:

(1)在渗漏岩面集中渗漏处钻孔,埋入引流管引流泄压。采用水泥加速凝剂拌和的速凝水泥净浆固定引流管。

(2)将水泥、丙烯酸酯共聚乳液、水性固化剂和水按比例掺加,拌和均匀后置于净浆喷射机中,无碱速凝剂加入喷射机口料罐中。喷涂水泥基界面黏结剂至引流管周围渗流岩面上。水泥基界面黏结剂喷涂厚度为 1.0~3.0 mm。

(3)岩面无渗漏面后,喷射满足设计要求的混凝土。

(4)喷射混凝土养护 7 d 后,可将引流管作为灌浆管止漏灌浆。灌浆液可采用聚氨酯灌浆液,也可采用改性环氧灌浆液。对于岩隙裂缝宽度大于 0.5 mm 的裂缝推荐采用水泥基灌浆料。

6.1.5 现场试验

为了检验喷射混凝土界面黏结剂的使用效果,在现场开展了喷射纤维混凝土大板试验(见图6-1-4)。试验中,一块大板中全部喷射纤维混凝土,检测喷射混凝土本体强度(JZ);一块大板中预先浇筑相同强度等级的混凝土,然后直接在潮湿混凝土表面喷射纤维混凝土(PJ1);一块大板中预先浇筑相同强度等级的混凝土,然后在潮湿混凝土表面涂刷界面黏结剂,再喷射纤维混凝土(PJ2)。

(a) 涂刷界面黏结剂　　　　　　　　(b) 喷射纤维混凝土大板

图6-1-4　现场喷射混凝土大板试验

喷射纤维混凝土大板切割取样后,检测混凝土抗压强度、弯拉强度和黏结面劈裂抗拉强度。试验结果见表6-1-5和图6-1-5~图6-1-7。

表6-1-5　水泥基界面黏结剂现场大板试验结果

抗压强度/MPa						弯拉强度/MPa			劈裂抗拉强度/MPa		
JZ-Z	JZ-C	PJ1-Z	PJ1-C	PJ2-Z	PJ2-C	JZ	PJ1	PJ2	JZ	PJ1	PJ2
36.7	35.1	25.9	35.5	31.4	35.3	6.63	4.56	6.39	1.91	0.26	1.06

注: JZ-Z——整体成型且承压面平行于喷射方向的试件;

　　JZ-C——整体成型且受压面垂直于喷射方向的试件;

　　PJ1-Z——无界面剂黏结且承压面平行于喷射方向的试件;

　　PJ1-C——无界面剂黏结且承压面垂直于喷射方向的试件;

　　PJ2-Z——有界面剂黏结且承压面平行于喷射方向的试件;

　　PJ2-C——有界面剂黏结且承压面垂直于喷射方向的试件。

（a）抗压强度试件

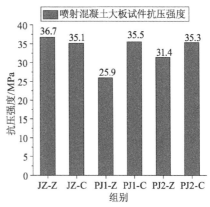

（b）抗压强度对比

图 6-1-5　纤维喷射混凝土抗压强度

（a）弯拉强度试件

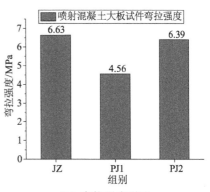

（b）弯拉强度对比

图 6-1-6　纤维喷射混凝土弯拉强度

（a）劈裂抗拉试件

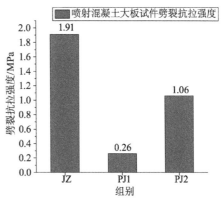

（b）劈裂抗拉强度对比

图 6-1-7　纤维喷射混凝土劈裂抗拉强度

由现场结果可见,当混凝土抗压试件黏结面平行于受力方向时,未涂刷界面黏结剂试件抗压强度较整体喷射混凝土试件降低 30%;涂刷界面黏结剂试件抗压强度较整体喷射混凝土试件降低 15%。说明界面黏结剂明显提高了混凝土黏结抗拉强度。

未涂刷界面黏结剂试件弯拉强度较整体喷射混凝土试件降低 31%;而涂刷界面黏结剂试件弯拉强度较整体喷射混凝土试件仅降低 4%,说明界面黏结剂黏结效果良好。

未涂刷界面黏结剂试件黏结面劈裂抗拉强度仅 0.26 MPa,明显不能满足设计要求;涂刷界面黏结剂试件黏结面劈裂抗拉强度达 1.06 MPa,满足设计要求且潮湿面黏结强度提高 3 倍左右。对于有局部渗漏部位喷射混凝土和光滑岩面喷射混凝土而言,喷涂界面黏结剂可有效提高喷射混凝土施工质量。

6.2 灌浆材料

为防止岩隙裂缝形成喷射混凝土反射裂缝,研发了岩隙裂缝水泥基灌浆材料。

6.2.1 试验原材料

1. P. O42.5 普通硅酸盐水泥

水泥作为弹性灌浆料基本的胶凝材料,水化产物构筑了灌浆料固结体的结构框架。

2. S95 级磨细矿渣粉和二水石膏粉

适宜配伍的硅酸盐水泥、磨细矿渣粉和二水石膏粉,可配制具有微膨胀效果的灌浆料固结体。

3. FDN 萘磺酸盐高效减水剂

减水剂减水率大于 18%,作用是提高灌浆料的流动性。

4. 丙烯酸酯胶乳

胶乳脱水成膜可提高胶凝材料与橡胶粉的黏结强度和黏结韧性,提高灌浆料固结体与混凝土裂缝界面黏结强度,提高抗渗性、抗冻性及抗腐蚀耐久性。

5. 水性胶乳固化剂

固化成膜后提高胶凝材料的黏结韧性和水气强度比,提高灌浆料固结体与水下混凝土裂缝界面黏结抗折强度和黏结抗拉强度,提高抗渗性、抗冻性及抗腐蚀耐久性。

6.2.2 水性胶乳掺量对灌浆料固结体力学性能的影响

试验研究丙烯酸酯胶乳和水性胶乳固化剂的不同掺量对灌浆料固结体抗压强度、水气强度比、抗折强度、水下黏结抗折强度和水下黏结抗拉强度的影响,灌浆料试验配合比见表 6-2-1。

表 6-2-1 灌浆料试验配合比

编号	丙乳掺量/%	固化剂掺量/%	水泥用量/(kg·m⁻³)	FDN掺量/(kg·m⁻³)	用水量/(kg·m⁻³)
P1	—	—	1 700	10	440
B1	20	—	1 500	9	220
B2	30	—	1 380	8	140
B3	40	—	1 280	7	70
G1	30	3	1 230	7	200
G2	30	6	1 190	7	190
G3	40	4	1 220	7	50
G4	40	8	1 220	7	30

其中,P1 为不掺加胶乳和固化剂的水泥基灌浆料的基准配合比;B1、B2 和 B3 为在基准配比中单掺丙烯酸酯胶乳的配合比,掺量分别为胶凝材料用量的 20%、30% 和 40%;G1、G2、G3 和 G4 为在掺加丙烯酸酯胶乳的配方中再掺加水性胶乳固化剂的配比,掺量分别是丙烯酸酯胶乳用量的 10% 和 20%。

灌浆料水下黏结试件采用水泥胶砂强度试模和预先同批成型制作的 M40 水泥砂浆试件,置于水中,灌浆料水下成型(见图 6-2-1)。

（a）净浆拌和　　　　　　（b）置于水中的黏结抗折试模

（c）置于水中的黏结抗拉试模　（d）水下制作的普通水泥灌浆料试件

（e）水下成型的胶乳水泥灌浆料黏结抗拉试件　（f）制作完成的灌浆料试件

图 6-2-1　灌浆料水下制作成型

灌浆料固结体力学性能见表6-2-2。不掺加胶乳和固化剂的水泥基弹性灌浆料水下成型时灌浆料散失严重,灌浆料固结体水下黏结抗折强度低于1.0 MPa,水下黏结抗拉强度小于0.8 MPa,不能满足设计要求。

表6-2-2　灌浆料固结体力学性能

编号	28 d抗压强度			抗折强度/MPa	水下黏结抗折强度/MPa	水下黏结抗拉强度/MPa
	标准成型/MPa	水下成型/MPa	水气强度比/%			
P1	49.2	20.8	42	4.49	0.84	0.46
B1	21.7	15.6	69	3.64	1.08	0.54
B2	20.6	15.2	74	3.68	1.33	0.61
B3	17.2	11.6	67	3.40	1.68	0.76
G1	24.6	19.9	81	4.10	1.90	0.85
G2	23.9	22.0	92	4.90	3.98	1.42
G3	23.1	20.8	90	4.15	3.86	1.37
G4	18.8	18.6	99	3.88	3.75	1.30

在丙烯酸酯胶乳中掺加水性胶乳固化剂掺入灌浆料后,一部分丙烯酸酯与水性胶乳固化剂中的酰胺基在水泥水化形成的碱性条件下发生迈克尔加成反应和酰胺化反应生成聚丙烯酰胺系列化合物,具有吸水絮凝作用,能够消除灌浆料与混凝土裂缝界面间水膜,同时促进另一部分丙烯酸酯共聚胶乳固化成膜,提高灌浆料水下砂浆黏结抗折强度和水下黏结抗拉强度。

随着水性胶乳固化剂掺量的增加,灌浆料水下成型散失率逐渐降低,灌浆料固结体水气强度比逐渐提高。当水性环氧固化剂掺量大于4%时,灌浆料固结体水气强度比大于90%;灌浆料水下成型固结体黏结抗拉强度大于1.0 MPa。

6.2.3　胶凝材料配伍对灌浆料固结体体积稳定性的影响

灌浆料固结体由于无刚性骨料作为骨架,干缩率相对较大。为提高灌浆料固结体体积稳定性,对无机胶凝材料进行了优化配制,配合比参数见表6-2-3。其中,丙烯酸酯胶乳掺量为胶材用量的30%,水性胶乳固化剂掺量为胶材用量的6%。

表 6 - 2 - 3   灌浆料湿胀干缩试验配合比参数

编号	胶凝材料/ (kg·m^{-3})	水胶比	无机胶凝材料掺比/%			用水量/ (kg·m^{-3})	丙乳/%	固化剂/%
			水泥	矿渣粉	石膏			
P0	1 700	0.26	100	0	0	440	0	0
G0	1 190	0.37	100	0	0	190	30	6
P1	1 700	0.26	50	40	10	440	0	0
G2	1 190	0.37	50	40	10	190	30	6

灌浆料固结体湿胀干缩试验依据《水工混凝土试验过程》(DL/T 5150—2017)"水泥砂浆干缩(湿胀)试验"进行。试件制作后首先测试在水中 3 d 和 7 d 的湿胀率,然后移至干缩室检测 14 d 和 28 d 的干缩率。试验结果见图 6 - 2 - 2。

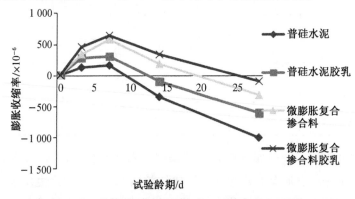

图 6 - 2 - 2   胶凝材料配伍对灌浆料固结体膨胀收缩率的影响

由于灌浆料固结体干缩无骨料约束作用,因此采用普硅水泥作为胶凝材料配制的灌浆料固结体干缩很严重,在湿度 60% 的干缩室放置 21 d,干缩绝对值接近 1 200×10^{-6}。

通过普硅水泥、磨细矿渣粉和二水石膏粉的优化配伍,形成大量钙矾石,在水中养护条件下,灌浆料固结体 7 d 体积膨胀为 637×10^{-6}。虽然干缩速率与普硅水泥灌浆料固结体相同,但是 28 d 干缩率下降接近 70%。

掺加丙烯酸酯胶乳和水性胶乳固化剂后,胶乳成膜封闭了部分毛细孔洞,降低了干缩速率,灌浆料固结体 28 d 干缩率较不掺加水性胶乳固化剂灌浆料固结体下降约 40%。

优化无机胶凝材料配伍并掺加丙烯酸酯胶乳和水性胶乳固化剂后,灌浆料固结体 28 d 干缩率低于 100×10^{-6},远远小于灌浆料固结体极限拉伸值,灌浆料固结体干缩开裂隐患完全消除。

6.2.4 水泥基灌浆料优化配比性能

适用于裂缝宽度在 0.5～2.0 mm 的裂缝灌浆料推荐配比见表 6-2-4。综合性能检测结果见表 6-2-5。

表 6-2-4 水泥基裂缝灌浆料推荐配比

编号	每立方米灌浆料原材料用量/kg						
	水泥	矿渣粉	石膏粉	丙乳	固化剂	FDN	水
G2	590	470	120	350	70	7	190

表 6-2-5 水泥基裂缝灌浆料推荐配比综合性能

编号	标准抗压强度/MPa	水中抗压强度/MPa	水气强度比/%	抗折强度/MPa	水下黏结抗折强度/MPa
G2	23.9	22.0	92	4.90	3.98

编号	抗拉强度/MPa	水下黏结抗拉强度/MPa	极限拉伸值/$\times10^{-6}$	湿胀干缩值/$\times10^{-6}$	
				7 d	28 d
G2	3.54	1.42	258	637	—98

6.3 本章小结

（1）随着水流流速的增大，需增加水泥基界面黏结剂中速凝剂掺量，提高抗水流冲刷能力。掺加水性胶乳固化剂可明显提高水泥净浆在流水界面的黏结强度。喷涂水泥基界面黏结剂后，喷射混凝土水中黏结抗拉强度大于 1.0 MPa。

（2）喷射混凝土大板试验结果可见，涂刷水泥基界面黏结剂试件黏结面劈裂抗拉强度达 1.06 MPa，潮湿面黏结强度提高 3 倍左右。对于有局部渗漏部位喷射混凝土和光滑岩面喷射混凝土，喷涂水泥基界面黏结剂可有效提高喷射混凝土的施工质量。

（3）随着水性胶乳固化剂掺量的增加，灌浆料水下成型散失率逐步降低，灌浆料固结体水气强度比逐步提高。当水性环氧固化剂掺量大于 4% 时，灌浆料固结体水气强度比大于 90%；灌浆料水下成型固结体黏结抗拉强度大于 1.0 MPa。

（4）优化无机胶凝材料配伍并掺加丙烯酸酯胶乳和水性胶乳固化剂后，灌浆料固结体 28 d 干缩率低于 100×10^{-6}，远远小于灌浆料固结体极限拉伸值，灌浆料固结体干缩开裂隐患完全消除。

（5）研发了水泥基弹性灌浆材料，适用于岩隙裂缝宽度在 0.5～2.0 mm 的裂缝灌浆，防止岩隙裂缝形成喷射混凝土反射裂缝。

7　隧洞混凝土外防护涂层性能控制技术

基于隧洞混凝土、隧洞预应力混凝土、隧洞喷锚支护等水工建筑物涉水范围混凝土内衬外防腐措施，优选防腐涂层材料满足现场使用条件并确保水质不受影响，提出其性能和施工要求，并提出涂层材料的质量验收标准。

输水管道结构及混凝土盾构管片断面图见图7-1-1。

本项目选择3种底层水泥基水性渗透防水材料（以下简称底漆）与3种无溶剂环氧涂层（以下简称面漆）作为防护工艺性能优化试验的原材料，开展面漆附着力强度及底漆＋面漆抗渗性能试验研究。对上述底漆和面漆设计正交组合，采用厂方提供的施工方法和施工工艺，在满足涂层厚度的设计要求（≥3 MPa）及充分养护的条件下，开展面漆附着力强度及底漆＋面漆抗渗性能试验研究。

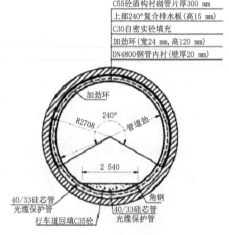

C55砼盾构衬砌管片厚300 mm
上部240°复合排水板（高15 mm）
C30自密实砼填充
加劲环（宽24 mm，高120 mm）
DN4800钢管内衬（壁厚20 mm）

加劲环
R2708　240°　管道劲
2 540
40/33硅芯管光缆保护管
角钢
40/33硅芯管光缆保护管
行车道回填C35砼

图7-1-1　输水管道结构及混凝土盾构管片断面图

▶ 7.1　外防腐涂层材料

7.1.1　水性渗透防水材料

渗透结晶型防水涂料是以无机胶凝材料为主要成分，并掺有活性化学物质和一定量的混合材料，与水混合搅拌均匀后涂刷或喷涂在基材表面的浆体材料，也可直接以干粉料的形式压在水泥混凝土表面。作用的机理也是通过渗透结晶的作用产生防水效果，材料中的活性化学物质通过自身的渗透作用渗透到混凝土内部，与

基材中的 $Ca(OH)_2$ 或 $F-Ca^{2+}$ 进行反应生成新的结晶水化产物,将体系内部分毛细孔和细微裂纹进行填补,从而提高混凝土或砂浆体系的致密性和防水性。

本研究所涉及的三种品牌的渗透结晶型防水涂料分别以 S1、S2 和 S3 表示。

S1 为一种含有特殊活性化学物质的水溶性防水剂,含有 60% 的二氧化硅、氟硅化钠及碱胶粒。具有超强的渗透性、卓越的抗酸碱性,能够抵制封固底材碱性的侵蚀,抗水泥降解性,抗碳化、抗粉化。优异的防水性能,防止水分渗透进混凝土,发挥防霉抗藻透气功能,使得混凝土历久常新,健康环保无毒。

S2 为一种无色、无味、环保型的水性渗透型无机防水剂,由 A、B 双组分组成,A 组分是一种纳米级的硅酸盐渗透剂,B 组分是一种无机纳米级硅酸盐类型的结晶剂,均为无色无味的水性溶液。

该材料中存在着可与钙离子络合的化学活性物质——络合催化剂,在浓度和压力差的共同作用下,络合催化剂以水为载体渗透到混凝土内部,在经过氢氧化钙高浓度区时,与混凝土中电离出的钙离子络合,形成易溶于水的不稳定的钙络合物。络合物随水在混凝土孔隙中扩散,遇到活性较高的未水化水泥、水泥凝胶体等,活性化学物质就会被更稳定的硅酸根、铝酸根等取代,发生结晶、沉淀反应,从而将氢氧化钙转化为具有一定强度的晶体化合物,填充于混凝土中的裂缝和毛细孔隙,逐渐填满混凝土内所有细小孔隙,成为混凝土整体结构的一部分,使混凝土更加密实,产生极强的防水效果。

S3 为碱激活性的环保型无机渗透液,主要成分由聚碳酸酯活性二氧化硅、惰化物、专用催化剂及水组成。根据美国国家实验室报告,混凝土内部所含的碱量至少是表面区域的 361 倍;DPS(深层密封剂)中的活性成分以水为载体渗入混凝土,利用它与碱具亲和力原理,DPS 被吸入碱含量较高的结构深层,与游离碱(Ca^{2+}、Na^+、Ka^+ 等)发生反应生成硅凝胶。这层硅凝胶经长时间水化后变成坚固、透气的无机晶体物质充满混凝土表面之下的毛细孔隙,在只要有水和碱存在的条件下,该过程就会不断重复,直至混凝土完全密封,密封过的混凝土仍然能够"呼吸"。DPS能渗入混凝土 20 mm 以上形成密封层,阻止外部的水、油、酸、氯化物及紫外线对混凝土的渗透腐蚀及侵蚀。DPS 强化了混凝土结构,不仅防止混凝土内部水分的损失及裂缝和干燥点的产生,还同时防止混凝土冻融并有效缓解碱骨料反应的发生。

7.1.2　无溶剂环氧涂层

环氧树脂类涂料具有防腐蚀能力强、附着力强、硬度高、耐磨、耐盐雾、耐酸碱、光泽高、固含量高、丰满度高等优点。因此,广泛用作工业重防腐漆、防锈底漆、地坪漆、油罐漆、饮用水箱漆等。但传统的溶剂型涂料约含 50％ 的有机溶剂,在涂料的制造、施工、干燥、固化成膜过程中,向大气中散发出大量的挥发性有机化合物(VOC),对人类的生态环境构成极为严重的污染和威胁。而无溶剂环氧涂料无挥发性有机溶剂,无毒,环保,采用低相对分子质量的环氧树脂、活性稀释剂为基料。使用时与固化剂均匀混合,在室温或升温烘烤下固化成膜,它不仅具有溶剂型环氧涂料的优异性能,而且一次成膜厚度可达 100 μm 以上,防腐能力强。

本研究所涉及的三种品牌无溶剂环氧涂层分别用 T1、T2、T3 表示。

T1(Multi-Gard 12-1088)是一种环聚酰胺涂料。其产品具低 VOC,高膜厚,高固含量,双组分低表面处理环氧维护涂料。适用于各种底材,包括手动处理的锈蚀钢材,喷砂清理和高压喷水处理的钢材或混凝土,以及各种完整的老化涂层。在大气暴露和浸泡服役环境中,为工业、沿海结构、纸浆和造纸厂、桥梁和海上环境提供优异的防腐蚀保护。

T2(95530)是一种双组分通用性纯环氧漆。固化后可形成坚硬和强韧的涂层,并具有良好的耐磨损和耐海水性能。可根据不同使用环境的恶劣程度,添加不同数量的铝粉和纤维颜料来定制,从而提供最优化的涂层性能。

T3(Jotamastic 87)是一种双组分、聚胺固化的低表面处理环氧涂料。它是具有低表面处理、高固体含量等特点的厚浆型产品,专门用于不能或不需要达到理想表面处理的区域。在高腐蚀环境下能提供长期防腐保护,在大气环境和浸没环境下可作为底漆、中间漆、面漆或单道涂层系统。适用于适当处理的碳钢和老化涂装表面。可在表面温度低于 0 ℃时施工。

7.2 涂层材料性能试验

7.2.1 面漆附着力强度研究

1. 混凝土基材处理

本次试验所采用的混凝土基材为调水工程实际使用的预制混凝土管片,混凝土设计强度为 C55。根据厂家提供的施工工艺及设计提供的设计要求,在底漆涂装前,需对混凝土管片表面进行必要的清洁处理,用电动钢丝刷打磨,以高压淡水清除疏松混凝土、附着物和泥浆等,保持混凝土表面干燥,以备试用。见图 7-2-1。

（a）基材冲洗过程 　　　　　　　（b）基材清洗完毕

图 7 - 2 - 1　混凝土基材清理

2. 正交试验组合

为充分研究面漆与混凝土基材之间的附着力,试验采用不同底漆—面漆的组合对比。在混凝土表面处理到位后,在其表面分别喷涂 T1、T2、T3 三种面漆,每次喷涂厚度为 200 μm 左右,间隔 1～2 h,进行第二次喷涂,涂层总厚度保证在 400 μm 以上,最后固化 7 d 以上。

正交试验组合共 12 组,组合详见表 7 - 2 - 1。

表 7 - 2 - 1　正交组合表

底漆	面漆		
	T1	T2	T3
S1	1组	1组	1组
S2	1组	1组	1组
S3	1组	1组	1组
无底漆	1组	1组	1组

3. 施工工艺

根据试验要求和厂家提供的技术资料,首先分别对 S1、S2 和 S3 三种底漆进行工艺试验,具体分述如下。

（1）S1

施工前用清水湿润混凝土表面(见图 7 - 2 - 2),润湿过程中保证速度缓慢、均匀;快干的时候再涂刷卡宝拉因底漆,底漆用量为 0.24 kg/m²。基层吸收过快的部分及时补涂,施工半小时后基层表面如有明显渗透液残留,及时用滚筒在表面来回滚动吸走表面多余的残液,施工结束后等待 2～3 h,完全干透后进行下一道工序。

图 7－2－2　施工前用清水润湿

（2）S2

涂刷 A 组分前将其摇晃均匀致泡沫出现。A 组分用量为 0.15 kg/m²,涂刷过程中速度缓慢、均匀,基层吸收过快的部分及时补涂,材料吸收后,立即洒水,使材料充分渗透。被吸收后 30～60 min 涂刷 B 组分,B 组分用量为 0.15 kg/m²,喷洒过程中保证速度缓慢、均匀,基层吸收过快的部分及时补涂。施工结束后,用少量水倒在基层表面测试,表面形成水珠,进行下一道工序。

（3）S3

涂刷深层密封剂 DPS 组分前将其摇晃均匀致泡沫出现。DPS 用量为 0.15 kg/m²,涂刷过程中速度缓慢、均匀,基层吸收过快的部分及时补涂。自然养护 2 h 后涂刷表面密封剂 TS,TS 用量为 0.15 kg/m²,喷洒过程中保证速度缓慢、均匀,基层吸收过快的部分及时补涂。施工结束后 2 h 完全干透后进行下一道工序。

底漆施工结束后,底漆渗入会将混凝土内杂质(油脂等)释出表面,应用水冲刷干净,且底材表面必须清洁干燥。

用少量水喷洒至喷涂底漆后的混凝土表面,水呈现明显水珠状、憎水性,表明施工成功,见图 7－2－3。

根据试验要求和厂家提供的技术资料,喷涂完底漆后分别采用 T1、T2 和 T3 三种环氧树脂面漆进行施工工艺试验。具体如下:

首先按照一定比例混合 A 组分和 B 组分,先用动力搅拌器搅拌基料 A 组分,搅匀后按照比例把固化剂 B 组分倒入,再用动力搅拌器彻底搅拌均匀。由于现场温度在 20～25 ℃之间,故无须添加稀释剂。混合后使用时间为 2 h,一旦超过混合使用时间,则不能再进行涂料的施工,这样会导致固化不良等问题。

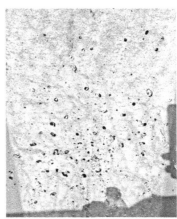

图 7－2－3　喷涂底漆后洒水呈明显水珠状、憎水性

施工采用无气喷涂机喷涂,采用的枪嘴不可过大,如果过大,虽然喷涂效率可大大提高,但可能造成雾化效果不好,油漆损耗和用量增大,以及成型不良出现流挂或针孔等缺陷。此外,压力不可过大,否则容易产生流挂和漆雾飞扬,成膜差,或污染其他工件和未喷涂面。第一遍进行雾喷,防止有气泡,待涂层充分渗透后,进行第二遍喷涂至 400 μm;在喷涂过程中,凹凸不平处及时处理刷平;出现流挂,及时用刷子带平。见图 7－2－4。

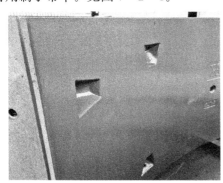

图 7－2－4　喷涂底漆、面漆后待试验管片

4. 附着力测试

涂料附着强度采用瑞士博势 Proceq DY-225 型涂层自动拉拔测试仪,按照国家标准《色漆和清漆　拉开法附着力试验》(GB/T 5210—2006)要求测定。根据设计要求(图号 SL1205FT-528-01),涂料的附着强度应不小于 3 MPa,或混凝土拉坏。

具体测定原理及方法如下：

试验样品以均匀厚度施涂于表面结构一致的管片表面，涂层体系固化后，用胶黏剂将试柱直接黏结到涂层的表面上。胶黏剂固化后，用切割装置沿试柱的周线，切透固化了的胶黏剂和涂层直至底材。将黏结的试验组合置于适宜的拉力试验机上(图7-2-5)，黏结的试验组合经可控的拉力试验，测出破坏涂层/底材附着所需的拉力。

图7-2-5　涂层自动拉拔测试仪

7.2.2　混凝土抗渗性能研究

1. 正交试验组合

本次试验所采用的混凝土基材为调水工程实际使用的预制混凝土管片，设计混凝土强度为C55。为充分研究底漆与面漆混凝土抗渗性能，试验采用不同底漆—面漆的组合对比。

正交试验组合共16组，组合详见表7-2-2。

表7-2-2　正交组合表

底漆	面漆			
	T1	T2	T3	无面漆
S1	1组	1组	1组	1组
S2	1组	1组	1组	1组
S3	1组	1组	1组	1组
无底漆	1组	1组	1组	1组

2. 抗渗性能测试

抗渗性能采用定制款带涂层混凝土渗透深度测定仪测试。该仪器以电动机拖动水泵施压，通过管道与压力容器、控制阀、试模座等连接。压力由水泵输出进入压力容器，然后输送到各试件系统进行加载恒压试验。参考《水运工程混凝土试验检测技术规程》(JTS/T 236—2019)中混凝土渗水高度进行试验。

具体试验步骤如下：

(1) 待测试试块。在涂刷有不同底漆＋面漆组合的C55预制混凝土管片上取芯得直径 70 mm、高约 60 mm 的圆柱形试块,见图 7-2-6。

（a）无面漆　　　　　　　　　　　（b）有面漆

图 7-2-6　抗渗性能试验试块

（2）首先将试件套入抗渗仪橡胶套(图 7-2-7),随后装入圆形模具(图 7-2-8),用六角螺丝将试件锁死,使其侧面不漏水,最后将模具固定于抗渗仪上,模具底部有小孔,用于加压。图 7-2-9 为混凝土渗透深度测定仪。

图 7-2-7　试块装入　　　**图 7-2-8　橡胶套整体**　　　**图 7-2-9　混凝土渗透**
　　橡胶套　　　　　　　　**装入模具内**　　　　　　**深度测定仪**

（3）所有待测试块安装好后,首先将水压力设置为 0.4 MPa,恒压 2 h;接着升压至 0.8 MPa,恒压 2 h;最后升压至 1.2 MPa,维持 24 h;24 h 后立即泄压,将试块取出。

（4）取出的试块尽快用万能压力机劈开,并用记号笔勾勒出渗透的水印高线。每个试块取 10 个点,这 10 个点的平均值为该试块的渗水高度。

每组底漆＋面漆组合测试 3 个试块,渗水高度的平均值为该组合的渗透深度。

3. 氯离子渗透性能研究

考虑到本工程沿线环境条件中氯离子对混凝土及混凝土中的钢筋的腐蚀作

用,使用标号 C50 混凝土通过测定氯离子扩散系数(RCM 法)来确定氯离子渗透性能(标准养护 28 d)。

检测方法参照国家标准《普通混凝土长期性能和耐久性能试验方法标准》(GB/T 50082—2009)执行。

4. 氯化物吸收量降低效果

对珠江三角洲供水工程 B1 标 ϕ4.1 m 盾构管片(管片编号 B2—805)内弧面涂刷厂家 1 和厂家 2 的水性渗透型无机防水剂,对其进行渗透结晶型防水材料的氯化物吸收量降低效果试验。试件样品信息见表 7-2-3。

表 7-2-3 试件样品信息表

混凝土基体	管片编号	涂刷材料	施工方式	分区方式
珠江三角洲供水工程 B1 标 ϕ4.1 m 盾构管片内弧面	B2-805	厂家 1 和厂家 2	由原材料厂家进行滚涂施工	将 ϕ4.1 m 盾构管片内弧面分为 4 个区域,编号为:1 区、2 区、3 区、4 区。在 1 区涂刷厂家 1 水性渗透型无机防水剂,3 区作为厂家 1 的对比空白试件;在 2 区涂刷厂家 2 水性渗透型无机防水剂,4 区作为厂家 2 的对比空白试件

检测方法参照《水运工程结构耐久性设计标准》(JTS 153—2015 附录 H.5)的试验研究步骤。

7.2.3 试验结果与讨论

1. 面漆附着力强度

(1)附着力

附着力试验结果组合见表 7-2-4,为便于进行统计分析,每种组合布置附着力试验测点 30 个。附着力测定试验前，开展涂层厚度检测。经检测表明，所有涂层厚度达到设计要求的厚度 400 μm，满足设计要求。

不同底漆与面漆组合附着力强度试验结果见表 7-2-4～表 7-2-6，附着力平均强度及面漆厚度测试结果见表 7-2-7。经过实际检测，得出以下结果：

① 3 种面漆在无底漆存在的情况下，即面漆直接在混凝土基体上喷涂，此时附着力平均强度均比有底漆存在时高，分别为 5.86 MPa(T1)、5.39 MPa(T2) 和 5.48 MPa(T3)，最高达 81%。

造成此种现象的原因，可能是由于底漆渗入混凝土毛细孔，封闭微细裂缝的同时，也在混凝土基体表面形成了一层硅氧类聚合物薄膜隔离层，这种薄膜层隔离了环氧面漆与混凝土的直接黏合；同时也会对面漆相容性产生一定的影响，不同面漆由于环氧树脂、固化剂、添加剂等均有一定差别，导致这种薄膜隔离层对不同品牌成分的面漆兼容性有所差异。这共同导致无法发挥面漆优良附着力性能的作用。

② T1 或 T2 面漆，分别搭配 3 种底漆(S1、S2 和 S3)时，附着力平均强度均较高(4.54～5.72 MPa)(见表 7-2-4 和表 7-2-5)，拉拔试验现象中几乎全为拉出混凝土破损。说明这 3 种底漆和 2 种面漆中的 6 组搭配组合中面漆有较好的附着力强度。

表 7-2-4　以 T1 为面漆的 4 种底漆组合的附着力强度结果表

项目名称		隧洞混凝土内衬内壁提升耐久性试验研究						
附着力设计值		≥3 MPa						
C55 管片编号	底漆＋面漆型号	实测结果/MPa						检验效果
		1	2	3	4	5	6	平均	断裂情况
1#	T1	7.64	5.74	7.08	6.37	8.00	*1.90*		均为混凝土断裂
		3.30	7.78	5.10	6.10	5.66	6.55		均为混凝土断裂
		5.21	5.20	8.00	4.81	4.18	4.09	5.86	均为混凝土断裂
		5.73	5.89	4.98	5.27	5.75	5.38		均为混凝土断裂
		5.70	5.13	6.00	5.85	7.99	5.37		均为混凝土断裂
1#	S1＋T1	3.68	5.51	5.50	5.20	5.47	6.51		均为混凝土破坏
		6.57	5.19	5.78	3.40	4.17	5.33		均为混凝土破坏
		5.62	4.58	5.78	5.57	7.01	4.40	5.25	均为混凝土破坏
		5.72	4.84	4.68	5.55	4.99	5.32		4.84、4.68 值为油漆与混凝土分离
		5.21	4.51	5.66	5.0	5.47	5.32		均为混凝土破坏

项目名称		隧洞混凝土内衬内壁提升耐久性试验研究							
附着力设计值		≥3 MPa							
C55管 片编号	底漆＋ 面漆型号	实测结果/MPa							检验效果
		1	2	3	4	5	6	平均	断裂情况
1#	S2＋T1	*1.26*	3.68	4.72	4.19	5.71	5.02	4.97	均为混凝土破坏
		2.51	4.00	3.42	6.81	5.99	4.42		2.51值混凝土破坏三分之一，其余均为混凝土破坏
		6.60	4.19	4.65	4.78	4.32	3.87		均为混凝土破坏
		6.05	6.25	5.24	4.48	6.96	4.17		6.05值混凝土破坏二分之一
		4.77	6.40	4.85	5.27	5.54	5.21		均为混凝土破坏
1#	S3＋T1	7.48	6.29	6.52	6.02	5.14	3.95	5.72	6.02值混凝土破坏三分之二，其余均为混凝土破坏
		6.98	5.96	5.62	5.03	5.60	5.86		5.96值混凝土破坏三分之一，其余均为混凝土破坏
		4.94	5.33	4.04	5.25	8.00	5.65		均为混凝土破坏
		5.17	5.17	6.46	6.25	6.65	5.76		均为混凝土破坏
		5.55	5.59	5.69	5.0	5.47	5.23		均为混凝土破坏

注：加粗斜体部分为剔除的无效试验数据点（附着力强度小于2 MPa并且混凝土破坏）。

表7-2-5　以T2为面漆的4种底漆组合的附着力强度结果表

项目名称		隧洞混凝土内衬内壁提升耐久性试验研究							
附着力设计值		≥3 MPa							
C55管 片编号	底漆＋ 面漆型号	实测结果/MPa							检验效果
		1	2	3	4	5	6	平均	断裂情况
2#	T2	4.86	5.17	3.71	6.23	3.35	6.87	5.39	6.87值混凝土破坏三分之二，其余为混凝土破坏
		1.80	5.64	*1.93*	5.63	5.14	5.51		均为混凝土破坏
		4.19	5.00	7.08	—	—	7.38		均为混凝土破坏
		4.96	4.90	5.21	5.32	7.10	7.36		均为混凝土破坏
		5.37	6.03	5.55	5.10	6.88	4.12		均为混凝土破坏

续表

项目名称		隧洞混凝土内衬内壁提升耐久性试验研究							
附着力设计值		≥3 MPa							
C55 管片编号	底漆＋面漆型号	实测结果/MPa							检验效果
		1	2	3	4	5	6	平均	断裂情况
2#	S1＋T2	5.82	4.93	4.71	7.32	5.63	5.81	5.09	均为混凝土破坏
		5.67	4.78	5.28	1.57	5.45	3.02		均为混凝土破坏
		5.57	3.97	3.70	6.80	7.08	5.32		均为混凝土破坏
		5.83	—	5.06	—	5.55	4.11		均为混凝土破坏
		4.16	4.70	5.11	5.20	4.92	5.35		均为混凝土破坏
2#	S2＋T2	6.40	3.64	5.81	4.09	5.36	*1.20*	4.72	6.40 值混凝土破坏三分之二，其余为混凝土破坏
		5.75	4.53	4.78	2.07	3.74	3.90		均为混凝土破坏
		3.95	2.04	4.12	3.60	—	—		均为混凝土破坏
		/	7.19	7.17	5.71	6.17	6.58		均为混凝土破坏
		2.52	4.39	4.18	5.72	4.93	4.49		均为混凝土破坏
2#	S3＋T2	5.11	2.60	5.29	—	3.27	4.01	4.54	均为混凝土破坏
		2.09	2.45	4.98	5.22	3.65	3.17		均为混凝土破坏
		2.83	6.31	6.19	6.80	4.65	6.63		均为混凝土破坏
		3.86	6.71	—		5.71	5.30		均为混凝土破坏
		4.30	3.99	4.39	3.85	5.03	4.21		均为混凝土破坏

注:加粗斜体部分为剔除的无效试验数据点(附着力强度小于 2 MPa 并且混凝土破坏)。

③ T3 面漆与 3 种底漆(S1、S2 和 S3)搭配,拉拔强度较小(1.44～3.79 MPa)(见表 7-2-6),拉拔试验中出现较多底漆和面漆的分离断裂。说明这 3 种组合中面漆和底漆出现明显不兼容现象。几种典型的拉拔破坏类型如图 7-2-10 所示。

通过测试结果数据,从面漆附着力强度参数角度看,T1 和 T2 面漆搭配给定的 3 种底漆,呈现出较好的附着力强度;而 T3 面漆会出现和底漆不兼容现象,导致面漆附着强度下降,因此在后续试验中,T3 面漆首先不用作备选材料。附着力平均强度测试结果表见表 7-2-7。

表 7-2-6　以 T3 为面漆的 4 种底漆组合的附着力强度结果表

项目名称		隧洞混凝土内衬内壁提升耐久性试验研究							
附着力设计值		≥3 MPa							
C55 管片编号	底漆+面漆型号	实测结果/MPa							检验效果
		1	2	3	4	5	6	平均	断裂情况
3#	T3	0.38	—	0.46	—	6.62	8.00	5.48	油漆和混凝土分离
		5.93	—	—	6.91	6.0	7.08		油漆和混凝土分离
		6.27	6.80	5.77	4.30	6.62	5.69		均为混凝土破坏
		6.8	7.49	6.24	—	4.35	5.44		5.44 值为混凝土断裂，其余均为油漆和混凝土分离
		3.21	6.29	5.47	4.71	4.62	5.57		均为混凝土破坏
3#	S1+T3	0.83	1.90	0.80	0.96	1.44	0.57	1.44	油漆和混凝土分离
		0.40	0.72	0.85	4.12	2.47	3.91		油漆和混凝土分离
		1.84	1.57	0.93	2.92	1.53	0.51		油漆和混凝土分离
		0.93	1.05	0.88	1.94	1.27	2.15		油漆和混凝土分离
		0.88	0.57	1.02	1.11	1.95	1.22		油漆和混凝土分离
3#	S2+T3	0.38	1.41	1.11	1.47	0.42	0.30	3.32	油漆和混凝土分离
		3.7	3.76	*1.80*	2.18	3.22	2.21		3.7 值混凝土破坏一半，3.76、1.8 值为混凝土破坏，其余均为油漆和混凝土分离
		5.35	4.03	5.47	4.56	4.02	3.50		油漆和混凝土分离
		4.98	4.50	0.86	4.07	5.76	4.44		4.5、5.76 值为混凝土断裂，其余为油漆和混凝土分离
		3.99	2.34	5.93	4.23	3.98	4.19		5.93 值混凝土一半断裂，其余油漆和混凝土分离
3#	S3+T3	3.66	3.9	3.45	4.24	3.12	4.52	3.79	油漆和混凝土分离
		2.71	3.56	0.50	2.68	3.45	2.91		油漆和混凝土分离
		2.41	3.52	3.47	5.58	5.26	5.59		油漆和混凝土分离
		5.06	4.50	4.64	4.94	4.39	4.15		4.64 值一半胶断，其余油漆和混凝土分离
		2.45	3.98	4.45	2.94	3.47	4.28		油漆和混凝土分离

注：加粗斜体部分为剔除的无效试验数据点（附着力强度小于 2 MPa 并且混凝土破坏）。

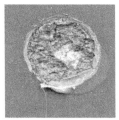

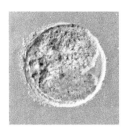
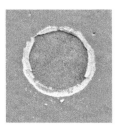

（a）混凝土破损（1）　（b）混凝土破损（2）　（c）面漆脱落　（d）面漆、胶口各脱落一半

图 7-2-10　几种典型的拉拔破坏类型

表 7-2-7　附着力平均强度测试结果表

底漆	面漆		
	T1	T2	T3
S1	5.25 MPa(463 μm)	5.09 MPa(491 μm)	1.44 MPa(455 μm)
S2	4.97 MPa(451 μm)	4.85 MPa(437 μm)	3.32 MPa(448 μm)
S3	5.72 MPa(471 μm)	4.54 MPa(432 μm)	3.79 MPa(491 μm)
无底漆	5.86 MPa(440 μm)	5.39 MPa(485 μm)	5.48 MPa(553 μm)

注：括号内数据为该组搭配面漆厚度，每组测试 20 个点，取平均值。

（2）附着力试验标准差

标准差（Standard Deviation）是离均差平方的算术平均数的算术平方根，用 σ 表示。标准差也被称为标准偏差，或者实验标准差，在概率统计中常被作为统计分布程度的测量依据。标准差能反映一个数据集的离散程度。

在本书中，一个较大的标准差，代表大部分数值和其平均值之间差异较大，说明涂料施工质量控制较差，或者难以控制；一个较小的标准差，代表这些数值较接近平均值，说明涂料施工质量控制较好，或者容易有效控制。

经统计分析得到的附着力强度标准差计算结果见表 7-2-8。T1 面漆有两种

表 7-2-8　附着力强度标准差计算结果表

底漆	面漆	
	T1	T2
S1	0.76	1.15
S2	1.06	1.39
S3	0.86	1.32

组合≤1.00;T2面漆全部3种组合均≥1.00。相对来说,T1的面漆涂料施工质量控制较好,或者容易有效控制。

2. 混凝土抗渗性能

抗渗性能主要研究了:仅有底漆试块(无面漆)渗透深度;仅有面漆试块(无底漆)渗透深度;底漆+面漆组合试块渗透深度;空白试块(无底漆及面漆)渗透深度。

(1) 仅有底漆试块(无面漆)渗透深度

空白试块(即无底漆及面漆)的渗透深度为40.0 mm,渗透深度见图7-2-11。

仅有底漆试块(无面漆)渗透深度试验结果见表7-2-9,渗透深度见图7-2-12~图7-2-14。

图7-2-11 空白试块(无底漆+无面漆) 渗水深度照片(渗水高度40.0 mm)

表7-2-9 仅有底漆试块渗透深度测试平均结果表

S1	S2	S3
38.71 mm	35.15 mm	40.02 mm

注:空白试块(即无底漆及面漆)的渗透深度为40.0 mm。

图7-2-12 S1底漆+无 面漆组合渗水深度照片 (渗水高度38.71 mm)　　图7-2-13 S2底漆+无 面漆组合渗水深度照片 (渗水高度35.15 mm)　　图7-2-14 S3底漆+无 面漆组合渗水深度照片 (渗水高度40.02 mm)

只有底漆没有面漆的试块,平均渗透高度在35.15~40.02 mm之间,与空白试块(即无底漆及面漆)抗渗能力结果相差不大。

(2) 仅有面漆试块(无底漆)渗透深度

仅有面漆试块(无底漆)渗透深度试验结果见表7-2-10,渗透深度见

图 7 - 2 - 15～图 7 - 2 - 17。

表 7 - 2 - 10　仅有面漆试块(无底漆)渗透深度测试平均结果表

T1	T2	T3
不渗透	不渗透	不渗透

注:空白试块(即无底漆及面漆)的渗透深度为 40.0 mm。

图 7 - 2 - 15　仅 T1 面漆
组合渗水深度照片
(渗水高度为 0)

图 7 - 2 - 16　仅 T2 面漆
组合渗水深度照片
(渗水高度为 0)

图 7 - 2 - 17　仅 T3 面漆
组合渗水深度照片
(渗水高度为 0)

只有面漆没有底漆的试块,三种面漆材料的渗透深度均为 0,表明不渗透。与空白试块(即无底漆及面漆)相比抗渗能力提升显著。

(3) 底漆＋面漆组合试块渗透深度

底漆＋面漆组合试块渗透深度试验结果见表 7 - 2 - 11,渗透深度见图 7 - 2 - 18。

表 7 - 2 - 11　底漆＋面漆组合试块渗透深度测试平均结果表

底漆	面漆		
	T1	T2	T3
S1	不渗透	不渗透	不渗透
S2	不渗透	不渗透	不渗透
S3	不渗透	不渗透	不渗透

所有底漆＋面漆试块的组合,渗透深度均为 0,表明不渗透。与空白试块(即无底漆及面漆)相比抗渗能力提升显著。

3. 氯离子渗透性能

考虑到本工程沿线环境条件中氯离子对混凝土及混凝土中的钢筋的腐蚀作用,通过测定氯离子扩散系数(RCM 法)来确定氯离子渗透性能(标准养护 28 d)。

图 7－2－18 S3 底漆＋T2 面漆组合渗水深度照片

(渗水高度为 0,其余底漆＋面漆组合图片相似,均无渗水痕迹)

通过检测得出,预制混凝土的氯离子扩散系数为 3.27×10^{-12} m²/s,具有较好的抗氯离子抗渗性能。

4. 氯化物吸收量降低效果

依据《水运工程结构耐久性设计标准》(JTS 153—2015 附录 H.5)试验研究方法,厂家 1 和厂家 2 渗透结晶型防水材料的氯化物吸收量降低效果为(数据详见表 7－2－12):

厂家 1　试件样品 94.9%～100%之间;

厂家 2　试件样品 74.2%～93.1%之间。

结果表明:2 份试件样品的氯化物降低效果均满足不小于 70%的设计要求。

表 7－2－12　氯化物吸收量降低效果统计表

试件样品编号	氯离子含量(0～10 mm)	氯化物吸收量降低效果(0～10 mm)	试件样品编号	氯离子含量(11～20 mm)	氯化物吸收量降低效果(11～20 mm)
c0-001	0.008 9%	—	c0-002	0.009 1%	—
c1-001	0.177 7%	—	c1-002	0.029 4%	—
1-3-001	0.010 3%	99.2%	1-3-002	0.008 9%	100%
1-4-001	0.009 8%	99.5%	1-4-002	0.009 3%	99.2%
1-8-001	0.010 2%	99.3%	1-8-002	0.010 1%	94.9%
2-3-001	0.039 9%	81.6%	2-3-002	0.012 7%	82.2%
2-4-001	0.052 6%	74.2%	2-4-002	0.012 8%	81.9%
2-8-001	0.041 5%	80.7%	2-8-002	0.010 5%	93.1%

7.3 结论与建议

7.3.1 结论

1. 底漆施工工艺

根据厂家提供的技术资料，S1 可一次性涂刷，喷涂总用量为 0.24 kg/m²；S2 和 S3 需要分两次涂刷，涂刷总用量均为 0.3 kg/m²，且喷涂 A 组分和 B 组分后，需要经过一定自然养护时间后才能进行下一步施工；其中 S3 的 A、B 组分涂刷间隔 2 h，A、B 组分涂刷间隔 30～60 min。因此从施工效率考虑，S1 底漆施工效率最高。

2. 面漆附着力强度

对比 3 种面漆在无防水材料（底漆）与有防水材料（底漆）条件下的附着力，发现在无底漆条件下 3 种面漆的附着力平均强度均大于有底漆条件下的附着力，说明底漆的使用对面漆的附着力强度有一定的负面影响。

对比 3 种底漆（S1、S2 和 S3）与 3 种面漆（T1、T2 和 T3）搭配时，从拉拔试验结果的破坏形式分析，发现 T3 面漆与防水材料存在相容性问题，破坏形式基本均为面漆与底漆表面的分离断裂；而其他 3 种面漆，破坏形式基本均为混凝土破坏。

从涂层附着力分析，3 种底漆（S1、S2 和 S3）与 2 种面漆（T1、T2）搭配时，涂层的附着力平均强度均能满足设计要求，平均值在 4.54～5.72 MPa 之间；而 3 种底漆（S1、S2 和 S3）与 T3 面漆搭配时，涂层的附着力平均强度较小，在 1.44～3.79 MPa 之间，说明 T3 面漆与这 3 种底漆出现明显不兼容现象。

从附着力强度标准差角度分析涂料施工质量控制，T1 面漆有 2 种组合标准差≤1.00；T2 面漆全部 3 种组合标准差均≥1.00。相对来说，T1 面漆涂料施工质量控制较好，或者容易有效控制。

3. 涂层混凝土抗渗性能

采取一定的防护措施，可以极大地提升 C55 混凝土的抗渗性能。但仅涂刷底漆（即底层水性渗透防水材料），抗渗效果与 C55 混凝土不防护效果差别不大；而涂刷了面漆（无溶剂环氧涂层），无论有没有底漆，均不渗水，体现出较好的抗渗性能。

4. 氯离子渗透性能

考虑到本工程沿线环境条件中氯离子对混凝土及混凝土中的钢筋的腐蚀作

用,通过测定氯离子扩散系数(RCM 法)来确定氯离子渗透性能(标准养护 28 d)。

通过检测得出,预制混凝土的氯离子扩散系数为 3.27×10^{-12} m²/s,具有较好的抗氯离子抗渗性能。

5. 氯化物吸收量降低效果

所提供的仅涂刷有 2 个厂家底漆的试件样品的氯化物降低效果均满足不小于 70%的设计要求。

7.3.2 建议

根据珠江三角洲供水工程地质勘查成果,管片外土壤是中等腐蚀,水是弱腐蚀,同时存在一定的水压;而管片内侧是常压状态。同时根据材料结合附着力试验、抗渗试验研究结果,建议对管片内、外弧面进行优化设计,具体如下:

(1)建议管片外弧面及侧面仅涂刷环氧涂料;

(2)建议管片内弧面仅涂刷渗透结晶型防水材料。

8 滨海复杂环境下深埋输水建筑物钢筋混凝土耐久年限评估

根据室内模拟实际工况开展的多因素耦合条件下混凝土性能劣化进程规律试验结果,对钢筋混凝土耐久年限进行了预测评估。同时在耐久性年限计算结果基础上,结合混凝土性能,从影响混凝土耐久性年限因素角度出发,提出了增加混凝土耐久性措施,服务工程设计与施工,为珠江三角洲水资源配置工程全寿命设计与安全服役提供技术支撑。

8.1 混凝土寿命预测简介

混凝土材料的劣化机理及其结构耐久性评估与其承受的荷载和所处的环境有关,受到诸多因素的影响,工程实践证明,混凝土材料的劣化包括:氯离子侵蚀、混凝土碳化(中性化)、冻融循环、碱集料反应、硫酸盐结晶、化学侵蚀等。混凝土的耐久性设计一般根据混凝土结构所处环境中材料主要的劣化机理进行。钢筋锈蚀在房屋建筑、公路桥梁、港口、大坝等混凝土结构中普遍存在,是影响钢筋混凝土结构耐久性的最主要因素之一。正确评估和准确预测混凝土的使用寿命已成为研究混凝土耐久性的主要目的和重要发展方向。

目前国内外的混凝土结构使用寿命预测方法大多建立在钢筋锈蚀基础上,根据锈蚀原因的不同,混凝土结构使用寿命预测方法有两类:碳化理论和氯离子扩散理论。前者经过几十年的研究已经形成了完善、基本统一的理论体系,并具有了一定的应用价值,后者逐渐成为学术界新的研究热点。滨海环境中钢筋混凝土工程失效破坏主要是氯离子侵蚀引发钢筋腐蚀,一般采用氯离子侵蚀劣化模型。国内外在关于氯离子渗透导致混凝土材料劣化失效方面做了大量的研究工作,氯离子在混凝土中的运输理论得到了空前发展,主要进展包括:由恒定扩散系数向变化扩散系数模型发展；由水饱和状态下扩散向非饱和状态下多作用耦合发展；由非荷载、无裂缝向加载、开裂和损伤混凝土发展。目前，如何建立多因素耦合作用下的劣化模型用于评估复杂环境下的混凝土耐久性是工程界研究的热点和难点。

自 20 世纪 70 年代初开始，菲克第二定律被用于计算氯离子侵入混凝土深度并预测钢筋开始锈蚀年限，它是目前描述氯离子入侵混凝土机理最多的模型。计算模型如下：

$$C(x,t) = C_{sa} \cdot \left[1 - \mathrm{erf}\left(\frac{x}{2\sqrt{D_a \cdot t}} \right) \right] \qquad (8-1-1)$$

式中：$C(x,t)$——经过时间 t，表面深度 x 处的氯离子浓度；

C_{sa}——混凝土表面氯离子浓度；

D_a——氯离子扩散系数。

近年来，考虑各种影响因素，针对该模型的边界条件的确定由简单向复杂转变。Buenfeld 和 Newman 研究表明[23]氯离子侵入水泥基材料的速度随着时间的增长而减小，这可能是由混凝土与海水逐步反应使结构密实导致的；Mangat 等[24]将氯离子扩散系数的时间依赖性归结为混凝土孔结构的时间依赖性。范志宏等[25]在研究广东湛江港大型海洋工程材料暴露试验站中暴露试件氯离子扩散系数时发现，长期暴露的普通混凝土试件，混凝土中的氯离子扩散系数随着暴露时间的延长而减小。Boddy、Mangat 和 Molloy 等[12,26]考虑温度及时间对氯离子扩散系数的影响时提出扩散系数随时间和温度变化的模型，具体如下：

$$D(t,T) = D_{ref} \cdot \left(\frac{t_{ref}}{t} \right)^m \cdot \exp\left[\frac{U}{R} \cdot \left(\frac{1}{T_{ref}} - \frac{1}{T} \right) \right] \qquad (8-1-2)$$

王仁超等[27]利用上述模型对菲克第二定律进行修正和推广，采用海南八所港码头浪溅区暴露实测数据、天津港码头暴露 11 年和 24 年实测数据和模型计算数据进行比较，充分地验证了该扩散迁移模型。Mangat 等[12]还研究了混凝土内部湿度对氯离子扩散系数的模型修正。暴露于海水环境的海工结构，暴露条件不同，氯化物的侵入机理也有不同。干湿交替强烈影响氯化物侵入混凝土表面。即使在同一结构上就海水和风的活动、阳光照射情况的差异也会导致腐蚀破坏程度的显著差异[28]。因此，类似于氯离子扩散系数 D_a 受不同环境条件的变化而变化，在扩散模型研究中，混凝土表面氯离子浓度 C_{sa} 参数也需要考虑环境因素。Frederiksen 等学者[29-31]研究认为，不仅氯离子扩散系数随时间变化，而且混凝土表面氯离子浓度也随时间变化。

水下区、水位变动区、浪溅区和大气区都有各自的氯离子源。水位变动区和浪溅区的氯离子源来自波浪或喷沫,随波浪而周期性变化;大气区和水下区的氯离子源主要是周围的海洋环境,比较稳定。混凝土结构表面氯离子浓度一般通过对氯离子的分布曲线反推而得,而氯离子的分布曲线是长期扩散累积的结果。Bamforth[32]调查英国海洋浪溅区的混凝土氯离子浓度时发现其通常占混凝土质量的 0.3%～0.7%,偶有高至 0.8%;当混凝土中有矿物掺合料时,C_{sa}增加;浪溅区混凝土表面的 C_{sa} 值还与迎风和背风反向有关,而大气区的 C_{sa} 值则与离开海面的标高和构件表面的朝向有关。结构表面氯离子的浓度除与环境条件有关外,还与混凝土自身材料对氯离子的吸附性能有关。试验表明,不同的混凝土种类,在相同的氯离子含量溶液中浸泡相同的时间,其表面浓度是不同的[33]。

以菲克第二定律为基础对氯离子在混凝土中的扩散和迁移特性进行混凝土结构耐久性评估和预测在目前应用最为广泛。但是菲克第二定律描述的是一种稳态扩散过程,其数值解有着严格的限制条件,如混凝土材料必须是无限均质材料、氯离子不与混凝土发生反应等;然而氯离子在混凝土中的扩散迁移过程是受很多因素和机制制约的,是一个非线性和非稳态的复杂过程。另外,氯离子在混凝土中的侵入过程是氯离子浓度差引起的扩散作用、水压力引起的渗透作用以及毛细管作用和电化学迁移几种作用的组合,工程构件表面氯离子浓度不可能在短期达到定值;同时混凝土中氯离子扩散过程还受到温度、湿度和混凝土材料对氯离子结合作用的影响,在氯离子作用期间并非恒定,这些因素导致菲克第二定律中的重要参数表面氯离子浓度和扩散系数在工程早期设计阶段难以准确地获得,而只有经过一定暴露时间后钻芯取样实测混凝土不同深度的氯离子浓度值,再经数据拟合回归获取[34]。因此,利用菲克第二定律,仅仅通过室内研究,较难准确地预测混凝土耐久性,大大限制了该模型的工程应用范围。

综上所述,利用菲克第二定律建立氯离子扩散模型,在表面氯离子的浓度 C_{sa} 和氯离子扩散系数 D_a 这两个重要参数的选择上,需详细区分不同海洋环境和混凝土自身配合比(主要考虑掺合料的作用)。温度和湿度是影响混凝土中氯离子扩散的重要因素,开展混凝土材料劣化机理研究时需考虑不同的腐蚀环境,同时结合常规室内试验结果与现场检测结果共同进行。

混凝土在海洋环境和除冰盐等恶劣条件下的耐久性参数设计一直是混凝土材料和结构专家关心的问题,氯离子扩散理论是迄今为止建立的唯一一个将混凝土指标与其使用寿命联系在一起的理论,它是实现混凝土耐久性设计的基础。为了定量地表征氯离子在混凝土中的扩散行为,并据此对混凝土使用寿命进行预测,学者们不断地发展着各种氯离子扩散的数学模型。

混凝土结构的使用寿命一般划分为 3 个阶段,其寿命公式如下:

$$t=t_1+t_2+t_3 \tag{8-1-3}$$

式中:t——混凝土结构的使用寿命;

t_1——诱导期,指暴露一侧混凝土内钢筋表面氯离子浓度达到临界氯离子浓度所需的时间,或 Cl^- 侵入混凝土并聚于钢筋表面引起钢筋去钝时间,国内结构寿命预测指诱导期寿命;

t_2——发展期,指钢筋表面钝化膜破坏到混凝土保护层发生开裂所需的时间;

t_3——失效期,指从混凝土保护层开裂到混凝土结构失效所需的时间。

氯离子侵入混凝土的机理因环境而异,影响因素众多,国内外学者对混凝土在氯离子环境下的寿命预测也提出了多种寿命预测模型。这些模型多数预测混凝土的诱导期寿命,即暴露一侧混凝土内钢筋表面氯离子浓度达到临界氯离子浓度所需的时间。大多数模型建立在扩散的基础上,在参数选取、计算方法上各不相同。按侵入机制划分,可以分为水饱和状态氯离子扩散计算模型和非水饱和状态氯离子扩散计算模型两大类,前者也称为标准扩散计算模型。通常,氯离子的侵蚀是渗透、扩散和毛细作用等几种侵入方式的组合。另外,还受到氯离子与混凝土材料之间的化学结合、物理黏结、吸附等作用的影响。而对于特定的条件,以其中的一种侵蚀方式为主。虽然氯离子在混凝土中的传输机理非常复杂,但在多数情况下,扩散仍然被认为是最主要的传输方式之一。

当假定混凝土材料是各向同性均质材料时,氯离子不与混凝土发生反应,氯离子扩散系数不变,氯离子在混凝土中的扩散视为半无限大平板时,氯离子传输遵从菲克第二定律。菲克第二定律可以表示为:

$$\frac{\partial C}{\partial t}=D\frac{\partial^2 C}{\partial x^2} \tag{8-1-4}$$

式中:C——氯离子的浓度(氯离子占胶凝材料或混凝土的质量百分比);

t——结构暴露于氯离子环境中的时间,s;

x——距离混凝土表面的深度,m;

D——氯离子的扩散系数,m^2/s。

菲克第二定律可以方便地将氯离子的扩散浓度、扩散系数与扩散时间联系起来,拟合结构的实测结果。

当边界条件为:$C(0,t)=C_s$,$C(\infty,t)=C_0$;初始条件为:$C(x,0)=C_0$ 时,可以得到式(8-1-5):

$$C(x,t)=C_0+(C_s-C_0)\left(1-\mathrm{erf}\frac{x}{2\sqrt{Dt}}\right) \tag{8-1-5}$$

式中:$C(x,t)$——t 时刻、x 深度处的氯离子浓度(氯离子占胶凝材料或混凝土的质量百分比);

C_0——初始浓度(氯离子占胶凝材料或混凝土的质量百分比);

C_s——表面浓度(氯离子占胶凝材料或混凝土的质量百分比);

D——氯离子的扩散系数,m^2/s;

erf——误差函数。

余红发等[35]基于菲克第二定律,推导出综合考虑混凝土的氯离子结合能力、氯离子扩散系数的时间依赖性和混凝土结构微缺陷影响的新扩散方程如下:

$$C(x,t)=C_0+(C_s-C_0)\left[1-\mathrm{erf}\left(\frac{x}{2\sqrt{\frac{H\cdot D_{\mathrm{ct,0}}t_0^n}{(1+R)\cdot(1-n)}\cdot t^{1-n}}}\right)\right]$$

$$\tag{8-1-6}$$

式中:H——混凝土氯离子扩散性能的劣化效应系数;

R——混凝土的氯离子结合能力;

n——氯离子扩散系数的时间依赖性常数,$n=0.64$。

他们还综合考虑了混凝土的氯离子结合能力、氯离子扩散系数的时间依赖性和混凝土结构微缺陷影响,对菲克第二定律进行了修正,得到混凝土氯离子扩散新方程,并运用该模型和大量的文献数据,预测了海洋与除冰盐条件下暴露 1~18 年的实际混凝土结构的氯离子浓度,还根据混凝土结构的预期使用寿命和使用环境探讨了混凝土结构的耐久性参数设计问题。

DuraCrete 模型[36]是氯离子侵入的经验模型,一个重要的因素是钢筋表面的氯离子达到一定浓度(达到腐蚀临界浓度)所需要的时间。求解这一模型需要取得在实验室和现场条件下获得的边界条件和初始条件,边界条件和初始条件反映了结构的材料、环境和施工是如何影响氯离子侵入的。模型通过引入"转换系数"给出了实验室向现场条件的转换,所以可用于现场条件。这一模型的规则是在实验室测定材料特性,根据现场条件进行修正,再用模型进行现场条件下的氯离子的侵入预测。模型的主要形式如下:

$$C_x=C_{\mathrm{SN}}\left(1-\mathrm{erf}\frac{x}{2\sqrt{D_0(t)\cdot t}}\right) \tag{8-1-7}$$

式中:C_x——某一深度处氯离子浓度(氯离子占胶凝材料或混凝土的质量百分比);

C_{SN}——表面氯离子浓度（氯离子占胶凝材料或混凝土的质量百分比）;

x——氯离子渗透深度,m;

t——暴露时间,s;

$D_0(t)$——氯离子扩散系数,m^2/s。

这一模型的优点之一是可以直接用观测到的氯离子分布情况预测未来的氯离子分布。模型可以最大限度地从实际结构中导出氯离子渗透情况,无须验证其有效性。但是在使用已有的氯离子分布时要十分谨慎,特别是当并非所有的背景资料,如暴露环境、取样点、分析方法等都清楚的情况下。优点之二是 DuraCrete 模型考虑了扩散系数随时间逐渐减小。但是至少要有同一配合比在相同暴露条件下三个不同龄期的氯离子分布才能有效地预测。

Roelfstra 等[37]提出了混凝土结构中氯离子渗透的数学模型,这一模型与水的迁移侵入作用有显著的关系,是专门应用于老化混凝土的模型。该模型考虑了离子的扩散、水的侵入与水泥水化发生对流的影响,是对 Seatta 等[38]人的氯离子扩散模型的改进,并结合 Roelfstra 本人关于水化过程模型的早期研究。

很多模型都是以菲克第二定律为基础的,并且简单地假定扩散系数是常值。有研究质疑了仅利用氯离子侵蚀的简单扩散模型进行预测的准确性。考虑氯离子的离子特性,Chatterji[39]认为仅仅基于菲克第二定律建立的模型是不可靠的。同时他指出,这一扩散模型没有考虑通过吸收作用传输的氯离子,吸收作用的影响是随时间逐渐减小的。此外,把混凝土的氯离子总水准作为未来腐蚀风险的主要指标也是不可靠的,有如下原因:(1)混凝土的氯离子扩散系数随时间变化,不是常数,可能由于水化作用的影响而降低;(2)距混凝土表面的深度不同,扩散速率随之变化;(3)如果混凝土表面处于干湿交替环境下,则表面氯离子浓度随时间而增大;(4)对于不同胶凝材料对氯离子的凝结作用,目前还未进行充分研究;(5)建立在实验室加速实验基础上的曲线,与实际结构中的混凝土性能相关性不是很好。

不受菲克第二定律的假定条件限制的模型较少,典型的有 Clear[40]在 1976 年根据实验和工程应用发展的一个计算钢筋锈蚀起始时间的经验模型。该模型表明,混凝土中钢筋开始锈蚀的时间与混凝土的保护层厚度的 1.22 次方成正比,与暴露环境介质的氯离子质量浓度和混凝土的水灰质量比成反比。该经验模型曾成功地应用于海洋油罐和河堤等大型混凝土工程使用寿命的设计和验证,取得了理想的效果。但是从该模型的表达形式上可以发现其实用性有限。Tumidajski[41]基于 Boltzmann-matano 分析方法推导氯离子扩散系数,发现氯离子扩散系数是时间、距离和浓度的函数,通过试验得出氯离子扩散系数可以表达为 Boltzmann 变量的线性函数的结论。Dhir 提出了基于半无限介质中的氯离子浓度可以表达为 Boltzmann 变量指数衰减函数的假定,提出了确定氯离子浓度分布的数学模型,该模型反映了扩散系数与浓度和时间有关。施养杭[①]采用类似于结构的极限状态法进行混凝土寿命预测的可靠度评估,引入失效概率 P_f,设极限状态函数为:

$$P_f = P(C_T - C(x,t) < 0) \leqslant \Phi(-\beta) \tag{8-1-8}$$

式中:$C(x,t)$——钢筋表面氯离子浓度;

　　　C_T——氯离子临界浓度。

当钢筋表面氯离子浓度达到临界值时钢筋开始锈蚀,即为极限状态,引入氯离子扩散模型的主要参数为随机变量,按照式(8-1-8)可以求出混凝土在某一失效概率下的寿命。更为有效的方法是根据试验与观察找出材料、环境等变量的统计参数及其分布,然后进行 Monte Carlo 随机模拟,求出相关模型的统计参数,建立预测模型。

众多学者在氯离子向混凝土内传输方面做了许多有益的工作。对氯离子传输进行预测的一个关键变量就是氯离子扩散系数。对已有研究成果的分析可以看出,扩散系数的确定是一个耗时且不能完全精确的过程,由于数学背景不充分和各种困难而使得扩散系数的估计很繁冗。困难之一就是对扩散系数估计方法的系统又简化的解释,之二就是与渗透过程有关的主要数学关系应用时,所包含的假设和不确定性。不同的研究者提出的评估方法,使得在选择合适的模型应用时显得无所适从。对氯离子扩散的预测无论是理论的还是经验的,多是在菲克第二定律基础上提出的两类模型。以往的氯离子传输预测模型均是基于未开裂混凝土在饱和盐溶液作用下的试验分析,即使对实际在役结构的测试数据,也多是基于上述情况进行的回归处理。对氯离子侵蚀混凝土的研究也由单一的扩散向多机理共同作用的方向发展。相应地,一些新的研究方法也不断得以应用,如模糊理论分析技术、神经网络技术等。探讨更多的研究方法,从不同的角度去实现氯离子浓度分布的预测应该是一个不错的选择。已有的研究成果众多,但多数未得到广泛的工程验证。有些预测模型近乎合理,但具体应用时参数难以确定,也很难获得广泛的应用。经验预测公式的形式虽然简单,但是往往不能包含全部影响因素,而且不同环境条件下不同结构实测钢筋锈蚀量的离散性较大,因此现有的经验模型还有待工程实测结果的进一步验证和修正。

① 施养杭. Monte-Carlo 法氯离子侵蚀下混凝土构件寿命预测[J]. 华侨大学学报(自然科学版),2005(4):369-372.

8.2 混凝土寿命预测模型

水利行业中对钢筋混凝土寿命预测模型尚未有明确的规范规定,针对珠江三角洲水资源配置工程混凝土进行寿命预测,主要研究结合前期工作经验,参考《海港工程高性能混凝土质量控制标准》(JTS 257-2—2012)中相关的规定进行。

海洋环境下混凝土结构钢筋锈蚀劣化进程所经历的时间,可分为三个阶段:混凝土中钢筋开始锈蚀阶段(t_i)、混凝土保护层锈胀开裂阶段(t_c)、混凝土功能明显退化阶段进(t_d)。混凝土结构使用年限(t_e)是这三个阶段的时间和,即

$$t_e = t_i + t_c + t_d \tag{8-2-1}$$

其中

$$t_i = \frac{c^2}{4D_t \left[\mathrm{erf}^{-1} \left(1 - \dfrac{C_{cr} - C_0}{\gamma C_s - C_0} \right) \right]^2} \tag{8-2-2}$$

式中:c——混凝土保护层厚度,mm;

D_t——混凝土氯离子有效扩散系数,$\times 10^{-12}$ m^2/s;

erf——误差函数;

C_{cr}——混凝土中钢筋开始发生锈蚀的临界氯离子浓度,%;

C_0——混凝土中的初始氯离子浓度,%;

γ——氯离子双向渗透系数,角部区取 1.2,非角部区取 1.0;

C_s——混凝土表面氯离子浓度,%。

计算 t_c 用以下公式:

$$t_c = \frac{0.012 \dfrac{c}{d} + 0.000\,84 f_{cuk} + 0.018}{\lambda_1} \tag{8-2-3}$$

式中:c——混凝土保护层厚度,mm;

d——钢筋原始直径,mm;

f_{cuk}——混凝土立方体抗压强度标准值,MPa;

λ_1——保护层开裂前钢筋平均腐蚀速度,mm/a。

计算 t_d 用以下公式:

$$t_d = \left(1 - \frac{3}{\sqrt{10}} \right) \times \frac{d}{2\lambda_2} \tag{8-2-4}$$

式中:t_d——自保护层开裂到钢筋截面积减小到原截面积 90% 所经历的时间,a;

d——钢筋原始直径,mm;

λ_2——保护层开裂后钢筋平均腐蚀速度,mm/a。

8.3 钢筋混凝土耐久年限评估

8.3.1 C50普通混凝土预制管片寿命预测

1. 有效扩散系数 D_t

本书通过试验测试了混凝土在不同侵蚀龄期的氯离子扩散系数,如表8-3-1所示。根据此实测值拟合出的C50普通混凝土的氯离子扩散系数的衰减系数结果见表8-3-2。

表8-3-1 C50普通混凝土氯离子扩散系数

试件	静水压力/MPa	侵蚀龄期/d			
		90	180	360	660
		扩散系数			
PC50-0	0	3.420	2.351	1.819	1.189
PC50-1	0.6	3.648	2.780	1.785	1.107

表8-3-2 C50普通混凝土氯离子扩散系数的衰减系数拟合结果

试件	衰减系数拟合值 n	拟合度 R^2
PC50-0	0.503	0.991 9
PC50-1	0.522	0.975 7

混凝土有效扩散系数按以下公式计算:

$$D_t = D_{ref} \times \exp\left[\frac{U}{R}\left(\frac{1}{T_0} - \frac{1}{T}\right)\right] \times \left(\frac{t_{ref}}{t}\right)^n \qquad (8-3-1)$$

式中: D_t ——混凝土氯离子有效扩散系数, $\times 10^{-12}$ m²/s;

D_{ref} ——快速试验方法测定的混凝土氯离子扩散系数, $\times 10^{-12}$ m²/s;

t_{ref} ——参考试验时间,a;

t ——混凝土氯离子扩散系数衰减期,取20a;

n ——混凝土氯离子扩散系数的衰减系数,PC50-0取值为0.503,PC50-1取值为0.522;

U ——混凝土氯离子扩散过程的活化能,取35 000 J/mol;

R ——理想气体常数,取8.314 J/K·mol⁻¹;

T_0 ——参考温度,取293 K;

T ——环境温度,K。

该计算公式中的参数 t、n、U、R、T_0 依据规范《海港工程高性能混凝土质量控制标准》(JTS 257-2—2012)中的规定取值。

2. 混凝土中的初始氯离子浓度 C_0

在标准养护条件下对混凝土试件氯离子含量进行了测试,在 5 mm 深度之后,氯离子含量趋于稳定,氯离子含量的平均值大约为 0.01%。

3. 钢筋混凝土结构使用年限计算 t_e

t_i 的计算依据公式(8-2-2)进行,其中参数 C_{cr}、γ、C_s 按规定取值,参数 c 依据工程实际情况取值,参数 D_t、C_0 在混凝土试验基础上计算得出。各参数取值见表 8-3-3。

表 8-3-3 t_i 计算参数取值表及年限计算结果

编号	c/mm	D_t/($\times 10^{-12}$ m² · s⁻¹)	C_{cr}/%	C_0/%	γ	C_s/%	t_i/a	备注
PC50-0	40	0.367	0.6	0.01	1	3.6	50	无环
PC50-1	40	0.442	0.6	0.01	1	3.6	45	氧涂层
PC50-0	40	0.119	0.6	0.01	1	3.6	90	环氧
PC50-1	40	0.130	0.6	0.01	1	3.6	80	涂层

t_c 的计算依据公式(8-2-3)进行,其中参数 c、d 依据工程实际情况取值,f_{cuk} 依据混凝土试验得出,λ_1 经计算得出。各参数取值见表 8-3-4。

表 8-3-4 t_c 计算参数取值表

编号	c/mm	d/mm	f_{cuk}/MPa	t_c/a
PC50-0	40	20	50	30
PC50-1	40	20	50	30

t_d 的计算依据公式(8-2-4)进行,各参数取值见表 8-3-5。

表 8-3-5 t_d 计算参数取值表

编号	d/mm	λ_2/mm · a⁻¹	t_d/a
PC50-0	20	0.05	10
PC50-1	20	0.06	5

因此 C50 管片混凝土在中等腐蚀环境下的使用年限是 t_i、t_c、t_d 的集合,具体服役年限结果见表 8-3-6。

表 8-3-6 C50 管片混凝土服役年限

编号	t_i/a	t_c/a	t_d/a	t_e/a	备注
PC50-0	50	30	10	90	无环
PC50-1	45	30	5	80	氧涂层
PC50-0	90	30	10	130	环氧
PC50-1	80	30	5	115	涂层

8.3.2 C35 普通混凝土寿命预测

1. 有效扩散系数 D_t

本书通过试验测试了混凝土在不同侵蚀龄期的氯离子扩散系数,如表 8-3-7 所示。根据此实测值拟合出的 C35 普通混凝土的氯离子扩散系数的衰减系数结果见表 8-3-8。

表 8-3-7 C35 普通混凝土氯离子扩散系数

试件	静水压力/MPa	侵蚀龄期/d			
		90	180	360	660
		扩散系数			
PC35-0	0	5.311	4.105	2.857	2.080
PC35-1	0.6	7.478	5.221	3.267	2.668

表 8-3-8 C35 普通混凝土氯离子扩散系数的衰减系数拟合结果

试件	衰减系数拟合值 n	拟合度 R^2
PC35-0	0.484	0.989 1
PC35-1	0.514	0.989 8

2. 混凝土中的初始氯离子浓度 C_0

在标准养护条件下对混凝土试件氯离子含量进行了测试,在 5 mm 深度之后,氯离子含量趋于稳定,氯离子含量的平均值大约为 0.01%。

3. 钢筋混凝土结构使用年限计算 t_e

t_i 的计算依据公式(8-2-2)进行,其中参数 C_{cr}、γ、C_s 按规定取值,参数 c 依据工程实际情况取值,参数 D_t、C_0 在混凝土试验基础上计算得出。各计算结果见表 8-3-9。

表 8-3-9 t_i 计算参数取值表及年限计算结果

编号	c/mm	D_i/($\times 10^{-12}$ m²·s⁻¹)	C_{cr}/%	C_0/%	γ	C_s/%	t_i/a
PC35-0	50	0.805	0.55	0.01	1	4.5	25
PC35-1	50	0.993	0.55	0.01	1	4.5	20

t_c 的计算依据公式(8-2-3)进行,其中参数 c、d 依据工程实际情况取值,f_{cuk} 依据混凝土试验得出,λ_1 经计算得出。各参数取值见表 8-3-10。

表 8-3-10 t_c 计算参数取值表

编号	c/mm	d/mm	f_{cuk}/MPa	t_c/a
PC35-0	50	25	35	25
PC35-1	50	25	35	25

t_d 的计算依据公式(8-2-4)进行,各参数取值见表 8-3-11。

表 8-3-11 t_d 计算参数取值表

编号	d/mm	λ_2/mm·a⁻¹	t_d/a
PC35-0	25	0.05	15
PC35-1	25	0.06	10

因此 PC35 混凝土在中等腐蚀环境下的使用年限见表 8-3-12。

表 8-3-12 PC35 混凝土服役年限

编号	t_i/a	t_c/a	t_d/a	t_e/a
PC35-0	25	25	15	65
PC35-1	20	25	10	55

8.3.3 C35 高耐久混凝土寿命预测

1. 有效扩散系数 D_t

本书通过试验测试了混凝土在不同侵蚀龄期的氯离子扩散系数,如表 8-3-13 所示。根据此实测值拟合出的 C35 高耐久混凝土的氯离子扩散系数的衰减系数结果见表 8-3-14。

表 8-3-13 C35 高耐久混凝土氯离子扩散系数

试件	静水压力/MPa	侵蚀龄期/d			
		90	180	360	660
		扩散系数			
GC35-0	0	2.802	2.168	1.362	1.014
GC35-1	0.6	3.232	1.856	1.334	1.084

表 8-3-14 C35 高耐久混凝土氯离子扩散系数的衰减系数拟合结果

试件	衰减系数拟合值 n	拟合度 R^2
GC35-0	0.523	0.982 4
GC35-1	0.524	0.953 3

2. 混凝土中的初始氯离子浓度 C_0

在标准养护条件下对混凝土试件氯离子含量进行了测试,在 5 mm 深度之后,氯离子含量趋于稳定,氯离子含量的平均值大约为 0.01%。

3. 钢筋混凝土结构使用年限计算 t_e

t_i 的计算依据公式(8-2-2)进行,其中参数 C_{cr}、γ、C_s 按规定取值,参数 c 依据工程实际情况取值,参数 D_t、C_0 在混凝土试验基础上计算得出。各计算结果见表 8-3-15。

表 8-3-15 t_i 计算参数取值表及年限计算结果

编号	c/mm	D_t/($\times 10^{-12}$ m^2·s^{-1})	C_{cr}/%	C_0/%	γ	C_s/%	t_i/a
GC35-0	50	0.201	0.55	0.01	1	4.5	85
GC35-1	50	0.231	0.55	0.01	1	4.5	75

t_c 的计算依据公式(8-2-3)进行,其中参数 c、d 依据工程实际情况取值,f_{cuk} 依据混凝土试验得出,λ_1 经计算得出。各参数取值见表 8-3-16。

表 8-3-16 t_c 计算参数取值表

编号	c/mm	d/mm	f_{cuk}/MPa	t_c/a
GC35-0	50	25	35	30
GC35-1	50	25	35	25

t_d 的计算依据公式(8-2-4)进行,各参数取值见表 8-3-17。

表 8-3-17 t_d 计算参数取值表

编号	d/mm	$\lambda_2/\text{mm} \cdot \text{a}^{-1}$	t_d/a
GC35-0	25	0.05	15
GC35-1	25	0.06	10

因此 GC35 混凝土在中等腐蚀环境下的使用年限见表 8-3-18。

表 8-3-18   GC35 混凝土服役年限

编号	t_i/a	t_c/a	t_d/a	t_e/a
GC35-0	85	30	15	130
GC35-1	75	25	10	110

8.4 提高混凝土耐久性措施建议

根据室内模拟实际工况开展的多因素耦合条件下混凝土性能劣化进程规律试验结果,对钢筋混凝土耐久年限进行评估表明,在氯盐中等腐蚀环境下,C50 普通钢筋混凝土预制管片在无环氧涂层保护条件下,服役年限接近 100 年,在有环氧涂层保护条件下,服役年限可确保 100 年;C35 高耐久钢筋混凝土与普通钢筋混凝土相比,其耐久性能显著提升,在中等氯盐腐蚀环境下有效服役年限更长,可满足百年耐久性要求。

根据《珠江三角洲水资源配置工程初步设计工程地质报告》可知,工程沿线环境水及土壤对混凝土及混凝土中的钢筋无腐蚀或以弱腐蚀为主,局部地区存在中等腐蚀。

隧洞混凝土性能研究结果表明,在中等腐蚀环境下,C50 普通混凝土和 C50 高耐久混凝土均满足各项百年耐久性指标要求;C35 普通混凝土除氯离子扩散系数这一百年耐久性指标未能满足要求以外,其他耐久性指标要求均能满足要求,而C35 高耐久混凝土各项百年耐久性指标均能满足要求。因此,对处于无腐蚀或弱腐蚀环境,以及处于无氯盐的中等腐蚀环境下的深埋隧洞混凝土建筑物,C35 和C50 普通混凝土均能满足百年耐久性要求;对处于含有氯盐的中等腐蚀环境,C35混凝土建议采用高耐久混凝土,而 C50 混凝土考虑到高耐久混凝土抗裂性能优于普通混凝土,预制 C50 混凝土因抗裂性问题不突出,故建议采用普通混凝土,现浇C50 混凝土为兼顾耐久性能和抗裂性能,建议采用高耐久混凝土。

根据室内模拟实际工况开展的多因素耦合条件下混凝土性能劣化进程规律试验结果,对钢筋混凝土耐久年限进行评估表明,在含有氯盐的中等腐蚀环境再耦合多因素作用下,预制管片 C50 普通钢筋混凝土在无环氧涂层保护条件下,服役年限接近 100 年。对于钢筋混凝土而言,反映混凝土抗钢筋锈蚀耐久性的指标参数是氯离子扩散系数,而混凝土的氯离子扩散系数只有在一定的钢筋保护层厚度下才有意义。前面提出的氯离子扩散系数这一隧洞混凝土百年耐久性指标也是基于相关规范要求的 50 mm 钢筋保护层厚度而提出的。但本工程的 C50 预制混凝土为管片构件,钢筋保护层厚度最大为 40 mm,同时混凝土的氯离子扩散系数是模拟实际工况开展的多因素耦合条件下混凝土性能劣化进程而实测获得,根据 C50 普通混凝土预制管片模拟实际现场条件预测的耐久年限接近百年。因此,对处于含有氯盐的中等腐蚀环境下的 C50 普通混凝土预制管片,需采取外防护措施以保证其百年耐久寿命;对处于含有氯盐的中等腐蚀环境下的 C35 混凝土需采用高耐久混凝土,以保证其百年耐久寿命。

C50 普通混凝土预制管片外防护措施采用防腐涂层方案。防腐涂层材料的优选,涂层方案设计以及性能和施工要求,涂层材料的质量验收标准,可参考前面"隧洞混凝土外防护涂层性能控制技术"执行。耐久年限评估结果表明,在氯盐中等腐蚀环境耦合多因素作用下,当普通 C50 钢筋混凝土预制管片在外防护涂层保护条件下,服役年限可确保 100 年。

根据《珠江三角洲水资源配置工程初步设计工程地质报告》,主要在干线工程区的顺德、南沙、番禺以及东莞的部分土样中检测含有对混凝土中的钢筋存在中等腐蚀的氯盐,环境水中仅在东莞的 ZBD520 地下水样中检测含有对混凝土中的钢筋存在中等腐蚀的氯盐。其他支干线以及分线、泵站、水库的环境水以及土壤中的氯盐无腐蚀或微腐蚀。建议对处于含有氯盐的中等腐蚀环境下的 C50 普通混凝土预制管片采取外防护涂层措施,现浇 C35 混凝土采用高耐久混凝土,以保证工程百年耐久寿命。

8.5　小结

(1) 在氯盐中等腐蚀环境耦合多因素作用下,预制管片 C50 普通混凝土在无外防护涂层保护条件下,服役年限接近 100 年;在有外防护涂层保护条件下,服役年限可确保 100 年。

(2) 高耐久混凝土与普通混凝土相比,其耐久性能显著提升,在中等氯盐腐蚀环境耦合多因素作用下的 C35 高耐久混凝土有效服役年限可满足 100 年耐久要求。

(3) 建议对处于含有氯盐的中等腐蚀环境下的 C50 普通混凝土预制管片采取外防护涂层措施,现浇 C35 混凝土采用高耐久混凝土,以保证工程百年耐久寿命。

9 工程应用

　　为了提升珠江三角洲水资源配置工程施工质量,项目基于滨海复杂环境多因素作用下深埋输水混凝土建筑物耐久性及整体提升技术,进行了喷射混凝土和界面黏结材料现场应用试验,为后续工程应用提供现场试验数据支撑。

▷ 9.1　现场工作面概况

　　现场试验的工作面位于主隧洞的一进洞口,见图 9-1-1。断面类型为 C4 断面,围岩类别为 Ⅱ/Ⅲ 类。

（a）隧洞开挖洞口

（b）隧洞内部开挖段总览

（c）已进行施工的细石混凝土初衬

（d）试验段工作面

图 9-1-1　工作面整体情况

9.2　工作面地质条件评价

隧洞进洞口布置于道路东侧斜坡处,现状地面高程 55～60 m,坡度约 18°,对外交通便利。

隧洞全长 200 m,洞顶埋深 10～65 m,底板高程约 36.1 m,上覆弱风化岩厚度 0～50.3 m;地下水位高程 46.5～57.2 m,埋深 1.7～8.2 m。钻孔揭露洞身段岩性为侏罗系中统侵入花岗岩(J23aηγ),全风化、强风化及弱风化岩均有分布,岩体较破碎,完整性较差。依据前述围岩质量分类标准,该段输水隧洞围岩质量各类别占比为:Ⅴ类围岩占 43.0%(86 m),Ⅳ类围岩占 20.0%(40 m),Ⅲ类围岩占 37.0%(74 m)。Ⅴ类、Ⅳ类围岩稳定性差,建议结合进洞口对Ⅴ类、Ⅳ类围岩段设置超前锚杆、管棚等预加固处理,及时进行钢拱架、系统锚杆＋钢筋网喷混凝土的施工支护。Ⅲ类围岩整体稳定,但局部稳定性较差,视开挖情况采取锚杆等支护措施。

9.3　现场试验

基于《滨海复杂环境多因素作用下深埋输水混凝土建筑物耐久性及整体技术研究》所研发的纤维喷射混凝土成果,采用现场原材料于工地试验室预拌,确定现场施工配合比。

9.3.1　纤维喷射混凝土原材料

现场配合比确定试验采用的原材料为土建施工现场采用的水泥、骨料、减水剂及速凝剂,同时采用了南京水利科学研究院自行研发的体积稳定剂、山东博肯硅材料有限公司采购的硅粉以及泰安同伴纤维有限公司采购的 PP(聚丙烯)有机仿钢纤维。各项原材料具体规格如下,其中部分现场原材料见图 9-3-1。

水泥:P•O42.5 普通硅酸盐水泥;

细骨料:现场自制机制砂;

粗骨料:现场自制细石,粒径 5～10 mm;

减水剂、速凝剂:均为现场配制;

体积稳定剂:可提升混凝土的早期强度、结构密实性和体积稳定性;

硅粉:符合国标 GB/T 27690 技术指标要求,有效 SiO_2 成分含量≥92%;

PP 有机仿钢纤维:长径比 50,长度 25 mm,弹性模量 25.0 GPa。

（a）PP 有机仿钢纤维

（b）细骨料

（c）粗骨料（5～10 mm 细石）

图 9-3-1　部分现场原材料

9.3.2　纤维喷射混凝土配合比

1. 纤维喷射混凝土现场施工配合比

本次现场试验的纤维喷射混凝土设计强度等级为 C35,1 d 抗压强度≥10.0 MPa。同时,根据现场喷射混凝土设备对纤维混凝土(掺速凝剂之前)的工作性要求,混凝土拌合物出机坍落度控制在 190～220 mm。

经过对现场原材料进行试拌调整,最终确定现场纤维喷射混凝土单位用水量为 200 kg/m³,水胶比为 0.4,体积稳定剂和硅粉的掺量均为 5%(按胶凝材料总质量的百分数内掺),总胶材用量为 500 kg/m³,PP 纤维掺量为 3%(按混凝土拌合物体积百分比内掺),砂率为 0.55,减水剂掺量为 1.2%,速凝剂掺量为 9%(按胶凝材料总质量百分数外掺),据此得到现场施工配合比,见表 9-3-1。

表 9-3-1　现场施工配合比

原材料	水泥	体积稳定剂	硅粉	纤维	砂	石	减水剂	水	速凝剂
用量/kg·m⁻³	455	25	25	5	893	731	5.60	200	44.87

注:1. 表中骨料均为干料质量;

　　2. 现场拌和施工时,减水剂含水率不计入总用水量。

该配合比混凝土拌合物的出机坍落度为 215 mm,符合现场施工性的要求,并现场留样检测。

不同龄期下的现场试验室成型混凝土强度见图 9-3-2。由图 9-3-2 可知,工地试验室现场成型试件强度满足设计强度要求,即 1 d 抗压强度≥10.0 MPa,28 d 抗压强度≥35.0 MPa。

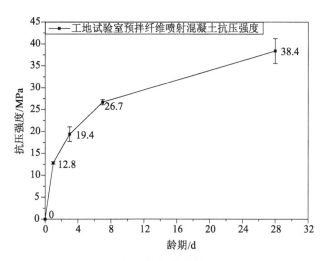

图 9－3－2　现场预拌纤维喷射混凝土抗压强度

2. TBM 界面黏结剂现场施工配合比

根据《滨海复杂环境多因素作用下深埋输水混凝土建筑物耐久性及整体提升技术研究》的相关成果,现场使用的纤维喷射混凝土与围岩界面黏结剂配合比见表 9－3－2。

表 9－3－2　纤维喷射混凝土与围岩界面黏结剂配合比

原材料	水泥	丙烯酸酯共聚乳液	水性固化剂	速凝剂	水
用量/份	100	30	6	10	15

上述配合比中的原材料规格如下:

水泥:P・O42.5 普通硅酸盐水泥;

丙烯酸酯共聚乳液:由南京水利科学研究院研发,瑞迪高新技术有限公司生产提供;

水性固化剂:主要功能组分为多胺,由常州广树化工科技有限公司提供;

速凝剂:采用与纤维喷射混凝土同种产品,由现场配制。

根据现场施工进度协调,本次选择的试验段工作面围岩类别为Ⅱ/Ⅲ类,围岩质量较好,且无渗水点及潮湿面,故预先浸润现场预制的大板试件,进行界面黏结剂在潮湿面的应用模拟,其涂覆施工情况见图 9－3－3。

图 9-3-3　界面黏结剂涂覆现场施工

9.3.3　纤维喷射混凝土现场应用

现场试验的具体施工流程如下：

1. 黏结大板试件预制

为考察量化界面黏结剂对现场施工的纤维喷射混凝土与围岩潮湿面结合力的提升，以表面被浸润至水饱和的高强混凝土模拟围岩潮湿面，后将喷射混凝土填充模具的剩余空间，制成黏结大板试件。

2. 纤维混凝土拌和

对现场原材料进行纤维混凝土拌和过程中，将纤维均匀分布于骨料传输带上，并在搅拌机上进料口按配制比例人工加入体积稳定剂和硅粉等混凝土改性组分。为充分均匀混合塔楼搅拌机中的多项组分，保证一定的干拌时间，设置拌和过程于45 s后加入水和减水剂，整个搅拌时长持续 180 s。现场配制 10 m³ 纤维喷射混凝土，出机坍落度为 205 mm。

3. 试验段工作面喷射施工与大板试件成型

运输至现场输送进喷射设备时的混凝土坍落度为 195 mm，符合喷射设备要求。在界面黏结剂涂覆施工后，开始喷射施工。施工装备喷射管直径为 75 mm，现场实测回弹率小于 20%。

现场施工流程见图 9-3-4。

施工完成的试验段工作面及大板试件见图 9-3-5。试验完成后，现场预留了 1 d 抗压强度试件(1组3块,尺寸为 150 mm×150 mm×150 mm)。

（a）黏结大板试件预制

（b）现场喷射设备

（c）现场喷射设备（φ75 mm）

（d）搅拌机上进料口
添加改性材料

（e）界面黏结剂涂覆

（f）现场喷射前工作确认

（g）试验段工作面喷射施工

（h）大板试件喷射施工

图 9-3-4 现场施工流程

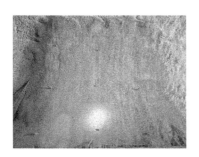
（a）施工完成的试验段工作面

（b）完成喷射成型的大板试件

图 9-3-5 现场试验完成情况

9.3.4　现场大板试验

为考察现场纤维喷射混凝土施工质量,根据《喷射混凝土应用技术规程》(JGJ/T 372—2016),采用制作喷射混凝土平板试件的方式对混凝土力学及耐久性等各项性能进行表征。

现场纤维喷射混凝土平板试件的制作过程如下:

(1) 现场平板试模均由厚度为 15 mm 的木工板加工制成,内部尺寸为 1 000 mm×1 000 mm×150 mm。选择 2 块平板试模,浇筑厚度约为 50 mm 的普通混凝土,再试验前用水充分浸润,模拟潮湿围岩界面;再将其中 1 块表面涂覆本项目研发的界面黏结剂,厚度(1.8±0.2) mm。将准备好的 3 种试模以与水平方向约 80°夹角置于试验段隧洞壁面。示意图见图 9-3-6。

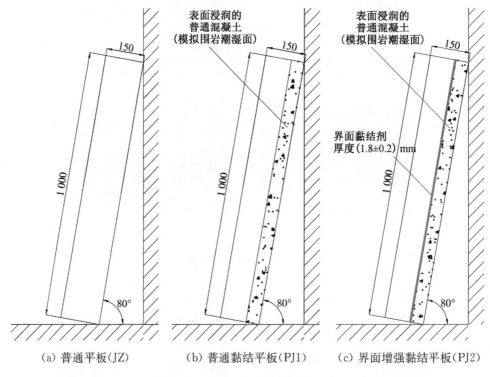

(a) 普通平板(JZ)　　　(b) 普通黏结平板(PJ1)　　　(c) 界面增强黏结平板(PJ2)

图 9-3-6　现场 3 类平板试件示意图

(2) 现场设备喷嘴与大板试件距离约 2 m。先在外墙处喷射,待喷射稳定后,由下至上逐层喷满填充整个试件。喷射成型过程见图 9-3-7。

图 9 - 3 - 7　平板试件喷射成型过程

（3）喷射后，大板试件不能移动，置于隧洞内部试验段边墙处进行同条件养护。于一周后从隧洞中取出，经吊装、运输、切割和成型等数道工序后（图 9 - 3 - 8），制成符合规范试验的标准尺寸试件进行性能测试试验。

（a）吊装　　　　　　　　　　　　　（b）运输

（c）切割　　　　　　　　　　　　　（d）成型

图 9 - 3 - 8　标准试件制作

9.4 现场喷射混凝土性能与分析

本章节将对现场成型的纤维喷射混凝土进行力学和耐久性测试分析。通过试验结果表征现场应用的纤维喷射混凝土的性能是否达到设计要求,以及界面黏结材料对喷射混凝土与围岩黏结能力的提升作用。

9.4.1 力学性能

针对现场应用的纤维喷射混凝土,展开了抗压强度、劈裂抗拉强度和弯拉强度力学性能测试。

1. 抗压强度

为研究现场喷射混凝土是否存在力学性能各向异性的特征,并借此表征混凝土的施工均匀性,本次试验选择沿垂直和平行于喷射射流两个方向的承载面进行抗压强度测试。

抗压强度试件的破坏形态见图 9 - 4 - 1。其中,JZ 为纤维喷射混凝土整体成型大板试件,(a)为承压面垂直于喷射方向的试件破坏形态,(b)为平行于喷射方向

（a）JZ（承压面垂直于喷射方向）　　　（b）JZ（承压面平行于喷射方向）

（c）PJ1（承压面平行于喷射方向）　　　（d）PJ2（承压面平行于喷射方向）

图 9 - 4 - 1　抗压强度试件破坏形态

的试件;PJ1 和 PJ2 分别代表直接喷射在潮湿面基岩表面形成的拼接试件和涂覆界面黏结后再成型的拼接试件。

由图 9-4-1 可知,整体成型试件(JZ)破坏时呈典型的混凝土无侧限单轴受力破坏特征,承压面方向的不同并不影响其破坏形态。

从潮湿面拼接试件(PJ1)可以看出,在试件破坏时,无论是预先制作的模拟基岩还是喷射混凝土表面均未有严重损伤的迹象。这是由于基岩与喷射混凝土之间黏结强度低,层间结合能力差,导致单轴压应力引起的横向变形沿黏结面拉断整个试件。

而涂覆界面黏结剂的拼接试件,则体现出了类似 JZ 试件的整体破坏效果。

各类试件的抗压强度见图 9-4-2。其中,-Z 为承压面平行于喷射方向的试件,而-C 为承压面垂直于喷射方向的试件。

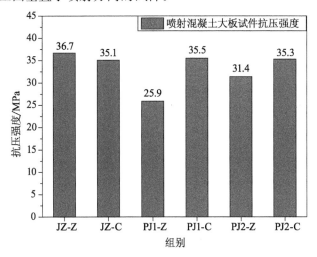

图 9-4-2 混凝土试件 28 d 抗压强度

由图 9-4-2 可知,本次现场试验采用的纤维喷射混凝土 28 d 抗压强度达36.7 MPa 和 35.1 MPa(承载面平行和垂直于喷射方向),表明现场喷射工艺的均匀性良好,同时强度也达到了 C35 设计指标。现场留置的喷射混凝土立方体标准试件的 1 d 实测抗压强度为 11.3 MPa,也达到设计要求。PJ1-Z 由于之前所述的黏结面薄弱问题导致强度有明显的下降,而采用了界面黏结剂的 PJ2-Z 在数值上提升超过 5 MPa,层间结合提升效果显著。

2. 劈裂抗拉强度

为研究现场喷射混凝土抗压应力荷载能力,同时量化界面黏结剂对基岩潮湿面与喷射混凝土黏结能力的提升效应,本次试验采用劈裂抗压强度测试对上述参数进行表征。

劈裂抗拉强度试件破坏形态见图9-4-3。其中,JZ为纤维喷射混凝土整体成型大板试件,(a)为试件劈裂后的状态,(b)为破坏截面;(c)、(d)中,PJ1和PJ2分别代表直接喷射在潮湿基岩表面形成的拼接试件和涂覆界面黏结剂后再成型的拼接试件。

（a）JZ

(b) JZ 劈裂破坏截面

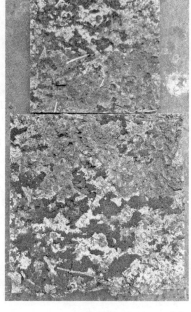

（c）PJ1

（d）PJ2

图 9 - 4 - 3 劈裂抗拉试件破坏形态

由图 9-4-3 可知,由于纤维的连接作用,尽管喷射混凝土试件断面已经完全贯通,但仍然保持一定程度的附着力。这有利于改善衬砌混凝土脆性崩裂的破坏形式。此外,从 PJ1 试件和 PJ2 试件的断面对比来看,PJ1 断裂面较为光滑,混凝土与模拟基岩的接触面相对分离;而 PJ2 试件采用了界面黏结剂,在破碎断面上可以发现模拟基岩和新喷射混凝土碎屑,验证了黏结力的提升。

劈裂抗拉强度统计见图 9-4-4。由图可见,界面黏结剂的应用,已经将潮湿面基岩结合能力提升到喷射混凝土自身的 55% 以上,相比于没有涂覆黏结剂的潮湿岩面喷射混凝土,黏结力提升超过了 300%,提升效果显著。

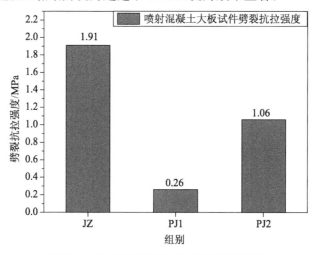

图 9-4-4 混凝土试件 28 d 劈裂抗拉强度

3. 弯拉强度

为研究现场喷射混凝土抗弯拉性能,并观察当喷射混凝土衬砌遭遇垂直于岩面荷载引起的结构裂缝时,界面黏结剂对裂缝走向和衬砌结合程度的影响,本次试验采用弯拉强度(四点)测试对上述研究内容进行表征。

弯拉强度试件的破坏形态见图 9-4-5。其中,PJ1 和 PJ2 分别代表直接喷射在潮湿基岩表面形成的拼接试件和涂覆界面黏结剂后再成型的拼接试件。图 9-4-5(b)为(a)断面处的局部放大,并标记了荷载裂缝发展的方向。图 9-4-5(d)为(c)的局部放大,处理方式与(b)相同。

由图 9-4-5 可知,试件的破坏形式呈典型的弯拉破坏特征,即以试件高度中点为界,上半区受压,下半区受拉,受拉区首先破坏,直至整个试件完全折断破坏。区别在于,当喷射混凝土直接作用于潮湿基岩面时(PJ1),混凝土与围岩层间结合

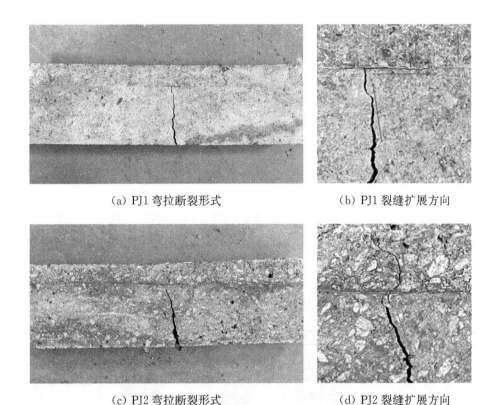

（a）PJ1 弯拉断裂形式　　　　　　　　（b）PJ1 裂缝扩展方向

（c）PJ2 弯拉断裂形式　　　　　　　　（d）PJ2 裂缝扩展方向

图 9 - 4 - 5　弯拉试件破坏形态

薄弱，一旦裂纹随混凝土表面扩展到达围岩附近时，裂缝不再继续向围岩层扩展，而是转而向喷射混凝土衬砌与围岩的层间发展。这一现象将显著增加衬砌与围岩脱空的风险，造成隧洞的严重破坏。而采用了界面黏结剂后，潮湿围岩与喷射混凝土衬砌直接的结合力大幅提升，结构裂缝的发展方向也与初始方向一致，有效控制了衬砌与围岩脱空的风险。

弯拉强度 28 d 实测值见图 9 - 4 - 6。由图 9 - 4 - 6 可知，采用界面黏结剂的拼接试件的弯拉强度，几乎可以与整体成型的喷射混凝土持平。从破坏形式和结合强度两方面优化了潮湿面基岩和喷射混凝土衬砌的层间结合状态。

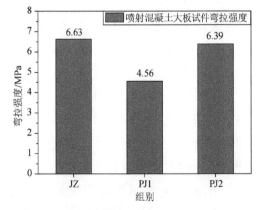

图 9 - 4 - 6　混凝土试件 28 d 弯拉强度

9.4.2 耐久性

为考察现场喷射混凝土在非开裂状态下,混凝土材料抵抗水压力渗透的能力,采用抗渗等级和相对渗透系数两个指标来量化现场制作的纤维喷射混凝土抗渗性,试验方法按照《水工混凝土试验规程》(DL/T 5150—2017)执行。

1. 抗渗性

切割后的混凝土试件尺寸为 100 mm×100 mm×150 mm,将试件充分浸润后立于标准抗渗试模中,以快硬高强砂浆填充空缺处并振捣密实,3 d 后拆模养护至28 d 龄期进行抗渗试验。试件成型及加载方式见图 9-4-7。抗渗等级按逐级加压法执行,考虑到试件本身具有良好的抗水渗透性,相对渗透系数试验的水压力上调为 1.2 MPa。

（a）喷射混凝土大板试样　　　　（b）表面浸润后入模

（c）填充快硬高强砂浆　　　　（d）养护至规定龄期后试验

图 9-4-7　混凝土试件抗渗性试验

水压逐级加压至 1.3 MPa,无一试件透水。由规范试验方法可知,现场制作的纤维喷射混凝土抗渗性可达 W12,满足设计要求。

采用相对渗透性试验为进一步量化混凝土抗渗性能,试件在 1.2 MPa 水压力下进行 24 h 渗透试验后,相对渗透系数结果以及试件沿垂直方向劈裂后截面渗水高度见图 9-4-8。

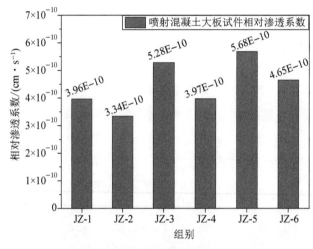

（a）混凝土 28 d 相对渗透系数 　　　（b）渗水高度线

图 9-4-8　混凝土相对渗透系数试验

由图 9-4-8 可知,混凝土试件的渗透高度分布在 45～65 mm 之间,6 块试件的相对渗透系数均值为 4.48×10^{-10} cm/s。

2. 抗氯离子渗透性

试验采用 RCM 法和电通量两种方法表征现场施工的纤维喷射混凝土的抗氯离子渗透能力。切割后的混凝土试件尺寸为 ϕ100 mm×50 mm。

RCM 和电通量法测试结果见图 9-4-9。其中图（a）为 3 块电通量试件的平均电流经时曲线;图（b）为经过 RCM 法测试后的试件断面。

根据《水利水电工程地质勘查规范》(GB 50487—2008),对《珠江三角洲水资源配置工程初步设计报告》中有关工程地质分析结果进行环境等级分级。分级结果显示,工程沿线环境水及土壤对混凝土及混凝土中的钢筋腐蚀以弱腐蚀为主,局部地区存在中等腐蚀,腐蚀介质部分地区以氯离子与硫酸盐腐蚀为主,部分地区以水溶性二氧化碳及碳酸氢根腐蚀为主。

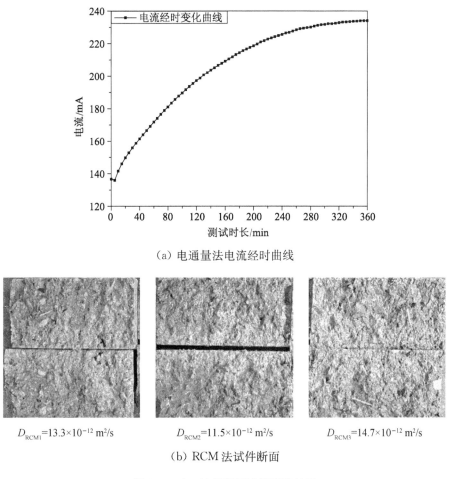

（a）电通量法电流经时曲线

$D_{RCM1}=13.3\times10^{-12}$ m^2/s $D_{RCM2}=11.5\times10^{-12}$ m^2/s $D_{RCM3}=14.7\times10^{-12}$ m^2/s

（b）RCM 法试件断面

图 9-4-9　抗氯离子渗透试验结果

经试验计算可得，现场施工的纤维喷射混凝土电通量为 3 993.5 C;同时,采用 RCM 法得到的氯离子扩散系数为 13.3×10^{-12} m^2/s。

由分析测试结果可知,喷射混凝土由于其自身的施工特点,即在喷射过程中无法避免地将掺入大量用于喷射口加压的气体,故硬化后内部很难像普通浇筑混凝土一样具有较高的密实程度,导致其抗氯离子渗透能力下降。

正因如此,在工程所处的腐蚀环境下,一旦采用普通纤维混凝土所使用的钢纤维配制,则钢纤维将有很大概率在环境条件作用下锈蚀膨胀,最终脆断。为规避此种后果对工程带来的重大隐患,在设计时就使用 PP 有机纤维取代了钢纤维进行纤维喷射混凝土的配制,而现场喷射混凝土的实测抗氯离子渗透性能结果也佐证了该项设计措施的必要性。

9.4.3 现场喷射混凝土微观结构分析

喷射混凝土由于其材料和施工工艺的特殊性,其性能与混凝土内部密实程度更为密切相关。对现场纤维喷射混凝土进行取样微观分析,通过表征孔隙分布和气泡间距等与混凝土性能直接相关的参数,考察现场施工成型的纤维喷射混凝土内部微观结构。

硬化水泥浆体是一个非均质的多相体系,也是固—液—气三相共存的多孔体,其宏观行为所表现的不规则性、不确定性、模糊性、非线性等特征,正是其微观结构复杂性的反映。众多研究表明,孔结构与混凝土材料的宏观性能密切相关,例如:混凝土材料的抗压强度随着孔隙率的增加而降低,干燥收缩量随着毛细孔孔径的减小或毛细孔数量的增多而增大。因此,研究橡胶混凝土的孔结构对解释其宏观性能表现有着重要意义[42]。

本项研究以普通现浇 C35 混凝土作为基准对照组,与现场切割取样的纤维喷射混凝土进行压汞试验对比。

压汞法(MIP,Mercury Intrusion Porosimetry)是目前测试水泥基材料孔结构最常用的方法,其原理是根据压入多孔材料结构中的汞的数量与所加压力之间的函数关系,计算孔尺寸和相应的孔体积。孔隙半径与所加压力之间的函数关系如下:

$$r = -\frac{2\sigma\cos\theta}{p} \qquad (9-4-1)$$

式中:r——孔隙半径,nm;

p——施加压力,MPa;

σ——汞的表面张力(0.473～0.485 N/m);

θ——汞与材料的浸润角(117°～140°);

$2\sigma\cos\theta$ 一般近似地取为 -750 MPa·nm。

则上式变为

$$r = \frac{750}{p} \qquad (9-4-2)$$

由式(9-4-2)可知,一定的压力值对应于一定的孔径值,而相应的汞压入量则相当于该孔径对应的孔体积。因此,只要测得混凝土样品在各个压力点下的汞压入量,即可求出其孔径分布[43]。

以普通现浇 C35 混凝土作为基准对照组,与现场切割取样的纤维喷射混凝土压汞试验对比结果见图 9-4-10。

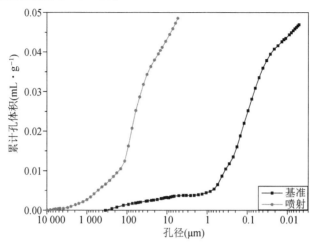

图 9-4-10　混凝土压汞试验结果

　　根据文献[44]对完全水化水泥中孔径大小的分类及其所影响的性能可知,小于 103 nm 的孔径分为凝胶孔(<10 nm)、中等毛细孔(10～50 nm)、巨大毛细孔(50 nm～1 μm),大于 103 nm 的孔为引气孔。凝胶孔主要影响水泥浆体的收缩和徐变;中等毛细孔主要影响水泥浆体的强度、渗透性、高湿度下的收缩;巨大毛细孔主要影响水泥浆体的强度和渗透性;引气孔主要影响水泥浆体的强度。

　　由图 9-4-10 可知,普通混凝土的孔径分布范围在 350 μm 以下,而喷射混凝土部分孔径可以达到毫米级,这是由于喷射混凝土在施工的过程中,在喷嘴处混入了大量加压喷射气体的缘故。所以喷射混凝土往往在高水胶比、高胶材用量的基础上,强度远远达不到同种材料的普通混凝土。

　　微观密实程度的差异造成了宏观性能上的区别,由上章所述内容可知,纤维喷射混凝土的抗氯离子性能无法与普通混凝土相比,佐证了在有环境侵蚀条件下的实际工程中,采用有机 PP 纤维取代钢纤维的必要性。

　　现场施工的纤维喷射混凝土硬化气泡参数试验的测试样品与结果见图 9-4-11。由图 9-4-10 可见,三块取自不同大板不同部位的断面中,各弦长范围的气泡含量整体趋同,证明了现场施工的大板试件的整体性较强,材料施工均匀性优良。

　　气泡间距系数是指浆体中任意一点至孔隙的平均距离。在一定含气量时,气泡尺寸越小,间距系数越小。研究表明[45],气泡间距系数较小的气泡结构对混凝土强度的影响较小,且有利于混凝土的耐久性。

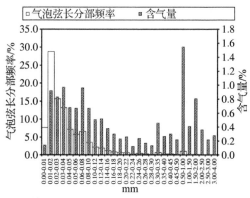

（a）试件 1

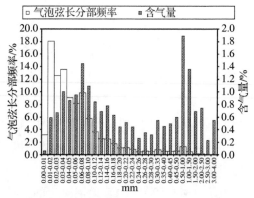

（b）试件 2

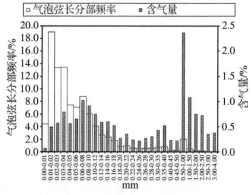

（c）试件 3

图 9－4－11　完成制样后的试样及气泡参数分析结果

现场施工的纤维喷射混凝土硬化气泡参数汇总见表9-4-1。试验结果显示，纤维喷射混凝土的含气量为16.41%，气泡平均弦长为84 μm，浆体总体积与含气量的比值为1.88，气泡比表面积为49.41 mm^2/mm^3，气泡间距系数为0.393 mm。

表9-4-1　纤维喷射混凝土硬化气泡参数汇总

试件编号	含气量/%	气泡平均弦长/mm	胶气比	气泡比表面积/mm^2/mm^3	气泡间距系数/mm
试件1	13.56	0.064	2.23	62.66	0.367
试件2	19.47	0.091	1.55	43.73	0.360
试件3	16.21	0.096	1.86	41.84	0.453
均值	16.41	0.084	1.88	49.41	0.393
基准组	6.54	0.090	4.44	44.38	0.105

通过与基准组C35普通混凝土的气泡参数对比可知，喷射混凝土的含气量和气泡间距参数均超过C35普通混凝土。结果表明，喷射混凝土内部结构中所含的气泡不仅尺寸大于普通混凝土，而且数量上也更多，造成了喷射混凝土相比同水胶比、同胶材用量的普通现浇混凝土在强度和耐久性上的差异。

9.5　本章小结

（1）现场施工喷射混凝土力学性能测试结果表明，现场施工的纤维喷射混凝土性能符合设计要求。

（2）通过对有无界面黏结剂的喷射混凝土大板试验的力学测试结果表明，本项目所研发的界面粘接剂可显著提升潮湿面基岩与喷射混凝土黏结力，有效降低了实际工程中喷射混凝土初衬与围岩脱空的风险。

（3）根据对纤维喷射混凝土耐久性的测试分析，表明实际现场采用的纤维喷射混凝土，其28 d抗渗等级超过W12级，可有效阻止外水压力渗透。抗氯离子扩散能力的不足表明了纤维喷射混凝土中，采用有机PP纤维取代钢纤维，可防止钢纤维在工程腐蚀环境下因锈蚀引发混凝土破坏，形成结构安全隐患。

（4）通过对纤维喷射混凝土孔结构的微观分析，解释了喷射混凝土耐久性不足的原因是过量喷射气体的混合掺入，鉴于这种特殊工艺所导致的问题在实际应用中难以规避，突出了本项研究中各项防腐措施的必要性。

附件 隧洞混凝土内衬防腐涂层质量检验验收办法

1 总则

1.1 为规范隧洞混凝土内衬内防腐涂层工程质量的管理,从原材料管控防腐质量,落实管控措施,防止不合格的原材料、中间产品用于本工程,确保工程质量优良,特制定本质量检验验收办法。

1.2 本验收办法适用于隧洞混凝土内衬防腐涂层技术,包括水性渗透型无机防水剂单防腐体系或厚浆型环氧树脂漆单防腐体系或水性渗透型无机防水剂＋厚浆型环氧树脂漆多涂层防腐体系的原材料要求、施工要求、质量控制、验收及管理等。

2 编制依据

2.1 规范性引用文件

下列文件中的条款通过本办法的引用而成为本办法的条款。凡是不注日期的引用文件,其最新版本适用于本办法。

JCT 1018	水性渗透型无机防水剂
JT/T 695	混凝土桥梁结构表面涂层防腐技术条件
JTJ 275	海港工程混凝土结构防腐蚀技术规范
GB/T 50476	混凝土结构耐久性设计标准
GB/T 5210	色漆和清漆 拉开法附着力试验
GB/T 8077	混凝土外加剂匀质性试验方法
GB/T 1723	涂料黏度测定法
GB/T 1725	色漆、清漆和塑料 不挥发物含量的测定
GB/T 1728	漆膜、腻子 膜干燥时间测定法
GB/T 6739	色漆和清漆 铅笔法测定漆膜硬度
GB/T 1732	漆膜耐冲击测定法

GB/T 1768	色漆和清漆 耐磨性的测定 旋转橡胶砂轮法
GB/T 9274	色漆和清漆 耐液体介质的测定
GB/T 10125	人造气氛腐蚀试验 盐雾试验
GB/T 23985	色漆和清漆 挥发性有机化合物(VOC)含量的测定
GB 24408	建筑用外墙涂料中有害物质限量
GB/T 17219	生活饮用水输配水设备及防护材料的安全性评价标准

2.2 文件资料

《建设工程质量管理条例》(国务院令第 687 号);

《水利工程质量检测管理规定》(水利部令第 49 号);

《水利水电工程施工质量检验与评定规程》(SL 176—2007);

《水利水电工程验收规程》(SL 223—2008);

《水利工程质量检测技术规程》(SL 734—2016);

《广东省建设工程质量管理条例》(2017 年修订);

《广东省水利厅关于水利工程建设质量管理的实施规定》(粤水安监〔2014〕16 号);

《珠江三角洲水资源配置工程质量管理办法》;

《珠江三角洲水资源配置工程原材料及中间产品质量管控工作指引(试行)》;

设计文件、合同文件,包括施工合同、监理合同、质量检测合同等。

3 术语和定义

3.1 水性渗透型无机防水剂

以碱金属硅酸盐溶液为基料,加入催化剂、助剂,经混合反应而成,具有渗透性、可封闭水泥砂浆与混凝土毛细孔通道和裂纹功能的防水剂。

3.2 厚浆型环氧树脂漆

以环氧树脂或改性环氧树脂为主要成膜材料的双组分液体涂料,分为甲、乙两组分,甲组分由树脂基料及添加剂制成,乙组分由固化剂及添加剂制成。混合后涂料的固体含量在 95% 以上。

3.3 防护涂层

指水性渗透型无机防水剂单防腐体系或厚浆型环氧树脂漆单防腐体系或水性渗透型无机防水剂+厚浆型环氧树脂漆多涂层防腐体系。

3.4 涂装

将水性渗透型无机防水剂或厚浆型环氧树脂漆通过机器或手工方式涂于混凝土基材的表面上并形成涂层的过程。

3.5 干膜厚度

涂料硬化后存留在混凝土表面上的涂层厚度。

3.6 带防护涂层混凝土抗渗性

指带水性渗透型无机防水剂单防腐体系或厚浆型环氧树脂漆单防腐体系或水性渗透型无机防水剂＋厚浆型环氧树脂漆多涂层防腐体的混凝土抵抗压力水渗透的性能。通过给带防护涂层混凝土一定的水压,使得水在混凝土中扩散和迁移,根据指定的标准和时间对混凝土进行检测,分析出带防护涂层混凝土的抗渗性能。

3.7 厚浆型环氧树脂涂层附着力

指厚浆型环氧树脂涂层通过机械结合、物理吸附、形成氢键和化学键、互相扩散等作用与混凝土表面结合的坚牢程度。

4 原材料技术要求

水性渗透型无机防水剂和厚浆型环氧树脂漆的等级和品牌应符合国家现行相关技术标准的规定和设计要求。生产厂商应提供产品说明书、出厂检验合格证、质量证明书和检测报告等有关技术文件。

本办法包括产品的生产与使用不应对人体、生物与环境造成有害的影响,所涉及的有关安全与环保要求,应符合国家标准和相应规范。

4.1 水性渗透型无机防水剂

水性渗透型无机防水剂物理力学性能应满足表 4-1 的规定。

表 4-1 水性渗透型无机防水剂物理力学性能

序号	项目		技术指标				检验方法	技术指标要求来源
			Ⅰ型	Ⅱ型	Ⅲ型			
					A组分	B组分		
1	外观		透明液体				目测	
2	密度/(g·cm⁻³)		≥1.10	≥1.20	≥1.10		GB/T 8077—2012	
3	pH 值		11±1	10±1	9±1		GB/T 8077—2012	
4	黏度/s		11.0±1.0	14.0±2.0	12.0±2.0		GB/T 1723—1993	JC/T 1018—2020
5	表面张力/(mN·m⁻¹)		≤26.0	≤36.0	≤60.0	—	GB/T 8077—2012	
6	凝胶化时间/min		≤200	≤300	≤300	—	JCT 1018—2020	
7	储存稳定性,10 次循环		外观无变化				JCT 1018—2020	
8	抗碳化值/%	7 d	≥30				JCT 1018—2020	
		28 d	≥20					

序号	项目	技术指标			检验方法	技术指标要求来源
		Ⅰ型	Ⅱ型	Ⅲ型		
				A组分	B组分		
9	混凝土表面亲水性	不得呈珠状滚落			JCT 1018—2020	
10	抗渗性/渗入高度/mm	≤10			JC/T 1018—2020	
11	吸水率/(mm·min$^{-1/2}$)	不大于0.01			JTJ 275	
12	氯离子吸收量降低效果	不小于90%			JTJ 275	
13	耐酸性	1%盐酸溶液浸泡168 h,表面无粉化裂纹			JTJ 275	
14	耐碱性	饱和氢氧化钙溶液浸泡168 h,表面无粉化裂纹			JTJ 275	

注:1. Ⅰ型以碱金属硅酸盐溶液为主要原料;Ⅱ型以碱金属硅酸盐溶液及复合催化剂为主要原料;Ⅲ型由A、B两个组分组成,A组分为碱金属硅酸盐溶液,B组分为复配金属盐水溶液。

2. 第1~9指标由厂家提供质量证明书或第三方检测报告;第10~14指标由施工单位、监理单位取样送至第三方检测机构检验。

4.2 厚浆型环氧树脂漆

厚浆型环氧树脂漆物理性能应满足表4-2的规定。

表4-2 厚浆型环氧树脂漆物理力学性能

序号	项目		单位	技术指标	检验标准	技术指标要求来源
1	在容器中的状态			搅拌后无硬块,呈均匀状态	目测	
2	不挥发物含量		%	≥90	GB/T 1725	
3	干燥时间	表干	h	≤8	GB/T 1728	
		实干	h	≤18		
4	附着力		MPa	≥3(或混凝土拉坏)	GB/T 5210	
5	硬度			≥3H	GB/T 6739	
6	冲击性		cm	≥50	GB/T 1732	
7	耐磨性能(1 000 g/1 000 r)		mg	≤100	GB/T 1768	
8	20%硫酸浸泡168 h			无起泡、脱落、生锈	GB/T 9274	

序号	项目		单位	技术指标	检验标准	技术指标要求来源
9	33％盐酸浸泡 168 h			无起泡、脱落、生锈	GB/T 9274	
10	抗氯离子渗透性(30 d)		mg/(cm² · d)	≤0.005	JTJ 275	
11	中性盐雾试验 3 000 h			无起泡、锈蚀、开裂	GB/T 10125	
12	海水浸泡试验 4 200 h			无起泡、锈蚀、开裂	GB/T 9274	
13	长霉试验			通过	IEC60068-2-10	
14	VOC		g/L	≤200	GB/T 23985	
15	重金属含量	铅	mg/kg	≤1 000	GB/T 24408	
		镉	mg/kg	≤100	GB/T 24408	
		六价铬	mg/kg	≤1 000	GB/T 24408	
		汞	mg/kg	≤1 000	GB/T 24408	

注：第 1～9 指标由厂家提供质量证明书或第三方检测报告；第 10～15 指标由施工单位、监理单位取样送至第三方检测机构检验。

4.3 防护涂层

防护涂层性能指标应满足第 6 节质量控制的要求。

5 施工

5.1 原材料

5.1.1 施工原材料应附有制造企业的产品质量证明书和使用说明书。说明书内容应包括施工材料特性、配比、使用设备、干硬时间、再涂时间、养护、运输和保管办法等。

5.1.2 施工原材料抵达现场后，对于水性渗透型无机防水剂，对表 4-1 中第 10～14 项指标，以每 200 环管片材料用量为一批次，由施工单位、监理单位取样后，送至国家认证认可监督管理委员会认可的材料检测机构进行第三方检测；对表 4-1 中第 1～9 项指标，由厂家提供满足指标要求的质量证明书或第三方检测报告。

对于厚浆型环氧树脂漆，对表 4-2 中第 1～9 项指标，以每 200 环管片材料用量为一批次，由施工单位、监理单位取样后，送至国家认证认可监督管理委员会认可的材料检测机构进行第三方检测；对表 4-2 中第 10～15 项指标，由厂家提供满足指标要求的质量证明书或第三方检测报告。

5.1.3　施工原材料存放地点应满足国家有关消防要求,干燥通风,避免阳光直射,其储存温度应介于 3～40 ℃之间。应按照品种、批号、颜色分别堆放,标识清楚。

5.2　施工准备

5.2.1　施工单位应根据投标承诺和现场具体情况编制"施工组织设计"。

5.2.2　施工单位会同材料供应商对施工人员进行技术交底和相应的安全、环保教育。

5.2.3　施工单位不得随意变更材料的品种以及施工方案。当有特殊情况需要变更时,变更方案不得降低设计使用年限和工程质量,并经监理工程师和业主批准后方可实行。

5.2.4　施工前应对检测仪器和计量工具进行校验,并对施工设备以及用具进行检验,确保相应设备以及用具满足使用要求以及安全要求。

5.2.5　待施工混凝土龄期应不少于 28 d。

5.2.6　大面积施工前应由施工单位组织施工人员按工序要求进行"小区"试验,以评价施工工艺的可行性,确定施工工艺参数、涂料用量等。"小区"试验选择典型部位,涂装面积为 7～20 m^2。

5.3　施工工艺

5.3.1　表面处理

1　采用高压淡水、喷砂或手工打磨等方式将混凝土表面的浮灰、浮浆、夹渣、海生物以及疏松部位清理干净。

2　受油脂污染的混凝土区域,用热碱、清洗剂或相容性溶剂清理,并用淡水清洗至中性。

3　混凝土管片的表面缺陷,如孔洞、蜂窝、裂缝和模板搭接处应采用无溶剂环氧腻子或聚合物修补砂浆进行修补。

4　表面处理完成的混凝土管片应在一周内尽快进行下一步工序。

5.3.2　水性渗透型无机防水剂涂装

1　在雨、雾、雪、大风和较大灰尘的条件下,禁止户外施工。

2　涂装区涂装环境条件应按产品说明书规定执行。

3　涂装操作流程应按该品牌水性渗透型无机防水剂产品说明书规定执行。施工完毕后,将少量的水倒在处理后混凝土表面测试,若水形成水珠状,呈明显的憎水性,则说明施工材料已形成防护,待表面完全干透可进行下一步施工。

5.3.3 厚浆型环氧树脂漆涂装

1 在雨、雾、雪、大风和较大灰尘的条件下,禁止户外施工。

2 涂装区涂装环境条件应按产品说明书的规定执行。

3 涂装操作流程应按该品牌厚浆型环氧树脂漆产品说明书的规定执行。采用高压无气喷涂的涂覆方式(2 道高压无气喷涂,每道 200 μm)。涂层应平整,无流挂,无划痕和无气泡。

4 涂装完成后,涂膜需经过产品说明书规定的养护时间后方可投入使用。养护期间,涂膜没有完全固化,要避免造成涂膜损伤的行为。涂料实干前,应该避免淋雨或者直接浸水以及触及其他腐蚀介质。

6 质量控制

本工程质量控制分为过程检验和最终检验,检验技术参数应当分别满足表 6-1和表 6-2 的要求。

表 6-1 质量控制过程检验技术要求

序号	项目	技术要求
1	涂装环境	涂装现场环境温度、相对湿度等环境条件,应符合产品说明书的要求
2	管片表面施工	1. 混凝土管片应不开裂、不掉粉、不起砂、无空鼓、无剥离 2. 混凝土管片应清洁、表面无灰尘、无浮浆、无油迹、无霉点、无盐类析出物和无苔藓等污染物及其他松散附着物 3. 检查涂装道数和涂膜厚度。用湿膜厚度仪检查湿膜厚度,结合涂料用量估算干膜厚度

表 6-2 质量控制最终检验技术要求

序号	项目	技术要求
1	外观检查	对抽样检测区域进行目视检查,防护涂层应连续、均匀、平整,不允许有露涂、流挂、变色、色差、针孔、裂纹、气泡等缺陷
2	厚浆型环氧树脂涂层厚度检测	1. 涂层厚度检测采用无损型涂层测厚仪方法。按管片数量 10% 的比例采用超声波测厚仪等相关仪器进行干膜无损检测,每个面检测点不小于 5 个 2. 涂层厚度应符合以下规则:涂层平均干膜厚度应不小于设计干膜厚度;85%的测定点应大于设计干膜厚度;最小干膜厚度应不小于设计干膜厚度的 85%

续表

序号	项目	技术要求
3	厚浆型环氧树脂涂层附着力检测	1. 当该混凝土管片厚浆型环氧树脂涂层附着力强度大于 3 MPa(本工程设计值)或混凝土拉坏时判定该涂层附着力强度满足设计要求 2. 检测方法详见附录 A
4	带防护涂层混凝土抗渗性能检测	1. 带防护涂层混凝土构件的渗透深度不大于 10 mm,即可判定为合格;反之,判定为不合格 2. 检测方法详见附录 B

7 验收

防护涂层验收宜在涂装完成后 14 d 内进行。

防护涂层验收时可按构件分批次验收。

防护涂层验收时承包商至少应提交下列资料:

a) 设计文件或设计变更文件;

b) 防护材料出厂合格证和质量检验文件,进场验收记录;

c) 混凝土表面处理、检验记录和监理验收记录;

d) 涂装施工记录(包括施工过程中对重大技术问题和其他质量检验问题处理记录);

e) 补修和返工记录;

f) 其他涉及涂层质量的相关记录。

8 安全、卫生和环境保护

8.1 安全、卫生

8.1.1 涂装作业安全、卫生应符合 GB 6514、GB 7691、GB 7692 和 GB 50212 的有关规定。

8.1.2 涂装作业场所空气中有害物质不超过最高容许浓度。

8.1.3 施工现场应远离火源,不允许堆放易燃、易爆和有毒物品。

8.1.4 涂装仓库及施工现场应有消防水源、灭火器和消防工器具,并定期检查。消防道路应畅通。

8.1.5 施工人员应正确穿戴工作服、口罩、防护镜等劳动保护用品,这些劳动保护用品应是具备相应资质厂家生产的合格产品。

8.1.6 所有电器设备应绝缘良好,临时电线应选用胶皮线,工作结束后应切断电源。

8.1.7 工作平台的搭建应符合有关安全规定。高空作业人员应具备高空作业资格。

8.2 环境保护

8.2.1 涂料产品的有机挥发物含量(VOC)应符合国家有关法律法规要求。

8.2.2 废弃的涂料不得随意丢弃或掩埋,应收集并妥善处理,防止废料污染水质。

8.2.3 施工现场产生的垃圾等应收集并妥善处理。

附录 A　厚浆型环氧树脂涂层附着力检测

A.1.1　厚浆型环氧树脂涂层附着力检测试验采用拉脱式涂层拉拔力测定仪测定厚浆型环氧树脂涂层与混凝土管片之间的附着力。此方法适用于现场试验。

A.1.2　采用的仪器和材料如下：

a）拉力试验机。在与已涂底材平面的垂直方向上施加拉升应力,该应力以均匀的且不超过 1 MPa/s 的速度稳步增加,使破坏过程在 30 s 内完成。

b）测试柱。为拉力试验机特别设计的试柱由钢或镀铝圆柱组成。每个试柱有一端是黏结胶黏剂/涂层的坚硬平整表面,另一端连接拉力试验机。每个试柱的标准直径为 20 mm,并且有足够的强度来确保试验过程中不变形。

c）胶黏剂。选择合适的胶黏剂。为了避免涂层受到破坏,胶黏剂的内聚力和黏结性要大于受试涂层的内聚力和黏结性。

应当预先进行胶黏剂的筛选,以决定其是否使用。选择能给出最大结果（通常表现为涂层与底材间的附着破坏）的胶黏剂（本工程胶黏剂黏结强度应不小于 5 MPa）。

在多数情况下,氰基丙烯酸酯、双组分无溶剂环氧化物以及过氧化物催化的聚酯胶黏剂都适用。在温度较高的试验条件下,胶黏剂的固化时间要尽可能的短,最好使用双组分快干环氧胶黏剂。

d）切割装置。使用套筒式割刀沿试柱的周线,将圆盘座的周边涂层切除,切透固化了的胶黏剂和涂层直至混凝土表面。

A.1.3　测试方法

A.1.3.1　测试步骤

a）测量次数:每 200 环混凝土管片为一批次,每批次至少随机均匀抽取 20 个点进行附着力测试。

b）将测试柱和洁净的混凝土涂层表面通过胶黏剂粘合在一起,固化 24 h 后进行附着力测试。附着力测试之前使用套筒式割刀沿试柱的周线,将圆盘座的周边涂层切除直至混凝土表面。

c）将试柱连接于拉力试验机,调整拉力试验机支撑位置,使拉力能均匀地、垂直地在涂层平面上施加拉升应力,该应力以均匀的且不超过 1 MPa/s 的速度稳步增加,使破坏过程在 30 s 内完成。

d）通过目测破坏混凝土表面来确定破坏性质，按以下方式记录破坏类型。

A——混凝土破坏

B——厚浆型环氧树脂涂层与混凝土分离

C——胶黏剂与试柱间的胶结破坏

e）记录破坏试验的拉拔力和破坏形式，如果底面只有75％以下的面积粘有涂层或混凝土等物体，而且拉拔小于1.5 MPa，则可在该测点附件涂层上重新做。最后取拉拔力平均值为该混凝土管片厚浆型环氧树脂涂层附着力强度。

A.1.3.2　合格性判定

当该混凝土管片厚浆型环氧树脂涂层附着力强度大于3 MPa（本工程设计值）或混凝土拉坏时判定该涂层附着力强度满足设计要求。

A.1.4　试验结果报告应包括下列内容：

a）厚浆型环氧树脂漆生产商的名称。

b）厚浆型环氧树脂漆的名称、牌号、生产批号。

c）厚浆型环氧树脂涂层干膜厚度的最小值、最大值和平均值。

d）厚浆型环氧树脂涂层的附着力和破坏类型。

附录 B 带防护涂层混凝土抗渗性能检测

B.1.1 采用混凝土抗渗仪测定带防护涂层混凝土的抗渗性能。此方法适用于现场取样，室内进行试验。

B.1.2 采用的仪器和材料如下：

a) 抗渗试验仪。参数要求：允许最大工作压力不小于 2.5 MPa，压力值精度 0.1 MPa，并可连续调节；加压水泵流量不大于 0.1 L/min；试模几何尺寸：下口内径 70 mm，高度 70 mm。

b) 无心外圆抛光机。对带防护涂层混凝土构件进行现场取芯后，通过抛光机将混凝土芯样外周抛光平整，以保证混凝土芯样放入抗渗试验仪的试模中时不会因外周不平整导致漏水。

B.1.3 测试方法

B.1.3.1 测试步骤

a) 对带防护涂层混凝土构件进行现场取芯，每 200 片混凝土管片检测取 1 组（6 块），芯样尺寸要求：直径 70 mm、高约（60±5）mm 的圆柱形芯样。混凝土芯样表面防护涂层注意不能破损，若破损，需重新取样。

b) 将试件混凝土芯样套入抗渗试验仪的橡胶套，随后装入圆形金属模具，用六角螺丝将芯样锁死，使其侧面不漏水，最后将模具固定于抗渗试验仪上，模具底部有小孔，用于加压。

c) 所有待测带防护涂层混凝土芯样安装好后，首先将水压力设置为 0.4 MPa，恒压 2 h；接着升压至 0.8 MPa，恒压 2 h；最后升压至 1.2 MPa（隧洞设计水压为 1.2 MPa），维持 24 h；24 h 后立即泄压，将试块取出。

d) 取出的试块尽快用万能压力机劈开，并用记号笔勾勒出渗透的水印高线。每个试块取 10 个点，这 10 个点的平均值为该试块的渗水高度。每组带防护涂层混凝土抗渗性能测试 6 个芯样，该 6 个芯样渗水高度的平均值为该带防护涂层混凝土构件的渗透深度，精确至 1 mm。

B.1.3.2 合格性判定

带防护涂层混凝土构件的渗透深度不大于 10 mm，即可判定为合格；反之，判定为不合格。

B. 1. 4 试验结果报告应包括下列内容：

a）防护涂层的类型及生产商的名称。

b）防护涂层的名称、牌号、生产批号。

c）带防护涂层混凝土的渗水高度。

主要参考文献

［1］ Springenchmid R，Gierlinger E，Kiernozycki W. Thermal stress in mass concrete：A new testing method and the influence of different cement［C］// Proceedings of 15th Congress on large dams. Lausanne：［s. n. ］，1985：57 - 72.

［2］ Kolver K，Igarashi S，Bentur A. Tensile creep behavior of high strength concretes at early ages［J］. Materials and Structures，1999，32(5)：383 - 387.

［3］ El-Dieb A S，Hooton R D. Water-permeability measurement of high performance concrete using a high-pressure triaxial cell［J］. Cement and Concrete Research，1995，25(6)：1199 - 1208.

［4］ 钱春香，王育江，王辉，等.水在混凝土内的渗流研究［J］.建筑材料学报，2009,12(5):515 - 518.

［5］ 马莉,李盛,王起才,等.静水压下混凝土初期渗水深度的力学分析［J］.混凝土与水泥制品,2017(2):9 - 12.

［6］ 刘军,邢锋,董必钦.混凝土孔结构和渗透性能关系研究［J］.混凝土,2007(12):35 - 37.

［7］ 陈立军,王永平,尹新生,等.混凝土孔径尺寸对其抗渗性的影响［J］.硅酸盐学报,2005,33(4):500 - 505.

［8］ 朱金铨,冯乃谦.混凝土孔隙分析中的表征参数［C］//吴中伟院士从事科教工作六十年学术讨论会论文集.2004:109 - 112.

［9］ 刘军,邢锋,董必钦,等.混凝土的微观孔结构及对渗透性能的影响［J］.混凝土,2009(2):32 - 34.

［10］ Yang C C，Cho S W，Wang L C. The relationship between pore structure and chloride diffusivity from ponding test in cement-based materials［J］. Materials Chemistry and Physics，2006，100(2/3)：203 - 210.

[11] 廉慧珍. 建筑材料物相研究基础[M]. 北京:清华大学出版社,1996.

[12] 赵铁军. 混凝土渗透性[M]. 北京:科学出版社,2006.

[13] 管学茂,孙国文,王玲,等. 高性能水泥基材料结合外渗氯离子能力的测试方法对比[J]. 混凝土,2005(11):36 - 39.

[14] Tang L P, Nilsson L O. Chloride binding capacity and binding isotherms of OPC pastes and mortars[J]. Cement and Concrete Research, 1993, 23(2): 247 - 253.

[15] 彭一春,王起才. 混凝土盐渍土腐蚀机理及影响因素[J]. 科技信息(学术研究),2007(9):89.

[16] 王海龙,董宜森,孙晓燕,等. 干湿交替环境下混凝土受硫酸盐侵蚀劣化机理[J]. 浙江大学学报(工学版),2012,46(7):1255 - 1261.

[17] 李凤兰,孙心静,高润东,等. 长期浸泡作用下硫酸根离子在混凝土中的传输规律试验研究[J]. 灌溉排水学报,2010,29(1):90 - 92.

[18] Lea F M. 水泥和混凝土化学[M]. 北京:中国建筑工业出版社,1980.

[19] 马保国,罗忠涛,李相国,等. 含碳硫硅酸钙腐蚀产物的微观结构与生成机理[J]. 硅酸盐学报,2006,34(12):1503 - 1507.

[20] 马保国,高小建,何忠茂,等. 混凝土在 SO_4^{2-} 和 CO_3^{2-} 共同存在下的腐蚀破坏[J]. 硅酸盐学报,2004,32(10):1219 - 1224.

[21] Hartshorn S A, Sharp J H, Swamy R N. The thaumasite form of sulfate attack in Portland-limestone cement mortars stored in magnesium sulfate solution[J]. Cement and Concrete Composites, 2002, 24(3/4): 351 - 359.

[22] Brown P, Hooton R D, Clark B. Microstructural changes in concretes with sulfate exposure[J]. Cement and Concrete Composites, 2004, 26(8): 993 - 999.

[23] Buenfeld N R, Newman J B. Examination of three methods for studying ion diffusion in cement pastes, mortars and concrete[J]. Materials and Structures, 1987, 20(1): 3 - 10.

[24] Mangat P S, Molloy B T. Prediction of long term chloride concentration in concrete[J]. Materials and Structures, 1994, 27(6): 338 - 346.

[25] 范志宏,杨福麟,黄君哲,等. 海工混凝土长期暴露试验研究[J]. 水运工程,2005(9):45 - 48.

[26] Boddy A，Bentz E，Thomas M D A，et al. An overview and sensitivity study of a multimechanistic chloride transport model[J]. Cement and Concrete Research，1999，29(6)：827－837.

[27] 王仁超,朱琳,杨弢,等.综合机制下氯离子扩散迁移模型及敏感性研究[J].海洋科学,2006,30(7):21－26.

[28] 洪定海.混凝土中钢筋的腐蚀与保护[M].北京:中国铁道出版社,1998.

[29] Frederiksen J M，Nilsson L O，Poulsen E. et al. A system for estimation of chloride ingress into concrete，Theoretical background[R]. Report No. 83. Copenhagen：The Danish Road Directorate，1997.

[30] Goltermann P. Chloride ingress in concrete structures：Extrapolation of observations[J]. ACI Materials Journal，2003，100(2)：114－119.

[31] Tang L P，Gulikers J. On the mathematics of time-dependent apparent chloride diffusion coefficient in concrete[J]. Cement and Concrete Research，2007，37(4)：589－595.

[32] Bamforth P B. The derivation of input data for modelling chloride ingress from eight-year UK coastal exposure trials[J]. Magazine of Concrete Research，1999，51(2)：87－96.

[33] 田俊峰,潘德强,赵尚传.海工高性能混凝土抗氯离子侵蚀耐久寿命预测[J].中国港湾建设,2002,22(2):1－6.

[34] 中国工程院土木水利与建筑学部.混凝土结构耐久性设计与施工指南(CCES 01—2004)[M].北京:中国建筑工业出版社,2004.

[35] 余红发,孙伟,鄢良慧,等.混凝土使用寿命预测方法的研究Ⅰ:理论模型[J].硅酸盐学报,2002,30(6):686－690.

[36] DuraCrete. Statistical quantification of the variables in the limit state functions[J]. Cement and Concrete Research. 2009，52：459－467.

[37] Roelfstra P，Bijin J，Salet T. Modeling Chloride Penetration into Ageing Concrete[J]. Rehabilitation and Protection. 1996，11：245－255.

[38] Seatta A，Scotta R，Vitaliani R. Analysis of chloride diffusion into partially saturated concrete[J]. American Concrete Institute Materials Journal. 1993，90(5)：441－451.

[39] Chatterji S. On the applicability of Fick's second law to chloride ion

migration through Portland cement concrete[J]. Cement and Concrete Research, 1995, 25(2): 299 - 303.

[40] Clear K C. Time to corrosion of reinforcing steel in concrete slabs[J]. American Concrete Institute Materials Journal. 1991, 86(2): 241 - 251.

[41] Tumidajski P J, Chan G W. Boltzmann-matano analysis of chloride diffusion into blended cement concrete[J]. Journal of Materials in Civil Engineering, 1996, 8(4): 195 - 200.

[42] 刘娟红. Durability and Micro-structure of Reactive Powder Concrete [J]. 武汉理工大学学报(材料科学英文版), 2009, 24(3): 506 - 509.

[43] Monteiro P J M, Kirchheim A P, Chae S, et al. Characterizing the nano and micro structure of concrete to improve its durability[J]. Cement and Concrete Composites, 2009, 31(8): 577 - 584.

[44] Park SS, Kwon S J, Jung S H, et al. Modeling of water permeability in early aged concrete with cracks based on micro pore structure[J]. Construction and Building Materials, 2012, 27(1): 597 - 604.

[45] 郭保林. 硬化混凝土气泡特征参数与冻融耐久性的关联分析[J]. 公路交通科技, 2013, 30(1): 80 - 85.